W0468771

DOROTHÉE WAECHTER

Gartenpflanzen
für Einsteiger

DOROTHÉE WAECHTER

Gartenpflanzen
für Einsteiger

Alle Arten, die es Ihnen leicht machen

blv

Aller Anfang ist leicht

Das A und O für Einsteiger besteht in einem raschen Erfolg. Denn der weckt die Freude und motiviert zum Weitermachen. Ein paar Pflanzen setzen – das ist nicht die Schwierigkeit. Aber es sollten die richtigen Pflanzen für üppige Blütenpracht und gesundes Wachstum sein. Pflanzen für Einsteiger sollten daher besonders pflegeleicht sein und dauerhaft für Freude sorgen. So bleibt Ihnen ausreichend Zeit, die Schönheit zu genießen und im Garten zu entspannen.

Schließlich sollte man das Gärtnern als kreative Freude auffassen und nicht als Last.

Der Grundstein hierfür wird mit der Bepflanzung gelegt. Das Reich der Blumen und Gehölze, Gräser und Sträucher zeigt eine geradezu unüberschaubare Fülle. Das hat den Vorteil, dass man nicht nur Arten vorfindet, die einen hohen Pflegeaufwand haben, sondern auch solche, die mit einigen wenigen Handgriffen auskommen. Genau diese eignen sich für den Start. Die schönsten und besten haben wir in diesem Buch zusammengetragen und präsentieren sie Ihnen ab Seite 18 in ausführlichen Porträts.

Das heißt, Sie lernen die Pflanzen genau kennen. Jede Blume, jeder Strauch und jeder Baum stellen sich in Bild und Wort vor. Die wichtigsten Eigenschaften wie Blütenfarbe, Höhe, Blütezeit und Standort werden mit Symbolen in einer Zeile als Kurzinformation aufgelistet. So sehen Sie auf den ersten Blick die wichtigsten Informationen. Jedes Porträt beginnt mit einer kurzen Charakterisierung. Anschließend werden Wuchs, Blüte, Standort und Pflege erläutert. Bei den Tipps gibt es zusätzliche Hinweise zu jeder Pflanze. Kann man Sorten empfehlen, die schön und unkompliziert sind, so sind sie am Ende des Porträts aufgelistet.

Erklärung der Symbole im Porträtteil:

- ⬆ bedeutet Wuchshöhe (ungeschnitten), bei Gräsern ist die Höhe der Blatthorste und Blütenstände angegeben
- ✱ bedeutet Blütezeit
- ○ bedeutet sonniger,
- ◑ ha bschattiger,
- ● schattiger Standort

Üppig blühende Blumen sind der Traum eines jeden Gartenbesitzers.

Mit diesem Schema finden Sie sich leicht im Buch zurecht und müssen nicht lange suchen. Natürlich bekommen Sie dabei alle gärtnerisch wichtigen Informationen. Bei den Pflegehinweisen liegt der Schwerpunkt darauf, ob die Arbeiten auch wirklich notwendig sind.

Gärtnern gehört zu den Hobbys, die viel auf Erfahrung beruhen. Aber probieren geht über studieren, und so haben wir Ihnen für die ersten Schritte unsere Tipps und Tricks verraten, damit sich auch bei Ihnen der Erfolg in den Beeten rasch einstellt und Sie allmählich ein eigenes Fingerspitzengefühl für´s Gärtnern bekommen.

Dieser Ratgeber soll keine Fragen offen lassen. Daher beinhaltet er nicht nur die Steckbriefe der Einsteiger-Pflanzen, sondern gleich am Anfang einen Überblick über die wichtigsten praktischen Handgriffe zu Einkauf, Anzucht, Pflanzung und Pflege, die durch Bilder erläutert werden.

Auch eine Einsteiger-Pflanze kann zum Problem werden, nämlich wenn man Fehler macht. Beachtet man beispielsweise die Standortansprüche nicht, wird auch eine robuste Art kümmern und krankheitsanfällig werden. Dann macht das Gärtnern Mühe und der Erfolg lässt auf sich warten. Dies sollte man sich vor Augen halten, wenn man beim Kombinieren experimentiert und beispielsweise eine Schattenpflanze in die Sonne setzt.

Darüber hinaus muss man sich klar machen: Ein Garten ist Natur. Hier und da kann etwas »danebengehen«, eine Pflanze zu üppig wachsen. Das geht selbst Profis so. Es liegt an Ihnen, ob Sie dann hektisch reagieren oder gelassen bleiben. Wir raten Ihnen, Letzteres zu tun und der Ursache auf den Grund zu gehen.

Natürlich gibt es noch viele anderen Gartenblumen und Gehölze, die nicht in diesem Buch zu finden sind. Einige davon würden sich auch für Einsteiger eignen. Doch wir haben versucht, den Einkauf zu erleichtern. Daher haben wir nur Pflanzen berücksichtigt, die zum Standardsortiment zählen und leicht erhältlich sind. Somit ist eines klar: Die getroffene Auswahl garantiert leichtes Gärtnern ab dem Einkauf und viel Zeit für Genuss.

Auf die richtige Pflanzenauswahl kommt es bei der Anlage eines Gartens an. Sie entscheidet nicht nur über die Schönheit, sondern auch über die Freude am Gärtnern.

Rosen, Bäume und mehr

Pflanzengruppen sind für die Gestaltung und Pflege eine Hilfe. Daher haben wir den Pflanzenteil dementsprechend gegliedert. Doch zuvor möchten wir Ihnen diese verschiedenen Gruppen vorstellen.

Blütenstauden sind mehrjährige Gartenblumen, die den Garten vom Frühjahr bis in den Herbst mit ihren farbenprächtigen Blüten und den vielfältigen Blattstrukturen verzaubern. In der Regel treiben sie nach dem Winter frisch aus und bauen einen meist aufrechten, zum Teil buschig kompakten Horst auf. Es gibt auch immergrüne Stauden. Durch die Kombination unterschiedlicher Wuchshöhen und -formen kann man Beete dekorativ gestalten. Bei der Auswahl der Pflanzen sollten deren Standortansprüche zur Situation passen und Blühzeiten und -farben harmonisch aufeinander abgestimmt sein.

Gräser, Farne und Bodendecker sind bekannt als Blattschmuckschönheiten. Ihre Vertreter zählen ebenfalls zu den mehrjährigen Gartenpflanzen, sind also Stauden. Lineare Gräserhalme und fiedrig zerteilte Farnwedel bereichern die Gestaltungsmöglichkeiten im Garten enorm. Bodendecker wachsen meist flach auf der Erde und bedecken teppichartig größere Flächen. Unter der Blätterdecke kommt kein Unkraut auf. So spart man Arbeit.

Sommerblumen blühen einen Sommer lang – nicht länger, aber auch nicht kürzer. Das heißt, sie führen schnell zum Erfolg und versprechen jede Menge Abwechslung von Jahr zu Jahr. Wer Spaß am Gärtnern hat, der kann Sommerblumen aussäen, zum Teil sogar direkt ins Beet. Aber keine Sorge, im Frühjahr hält der Gärtner auch vorgezogene Jungpflanzen bereit. Beim Gestalten mit Sommerblumen sollten Blütenfarben, Wuchsformen sowie die unterschiedlichen Höhen so aufeinander abgestimmt werden, dass sich die Pflanzen gegenseitig in der Wirkung verstärken.

Zwiebelblumen haben vor allem im Frühjahr ihren Höhepunkt. Die einen verzaubern schattige Bereiche unter Bäumen und Sträuchern, die anderen sorgen für Blickfänge im sonnigen Blumenbeet. Pflanzzeit für diese

Die hochsommerliche Staudenpracht beschert viele Wochen Freude.

Frühlingsblüher ist der Herbst, weil die Pflanzen zu dieser Zeit in der Ruhephase sind. Die Zwiebeln und Knollen erwachen erst, wenn es Winter wird und bilden dann neue Wurzeln. Im Frühling schieben sie Blätter und Blüten aus der Erde. Einmal gepflanzt, machen sie kaum noch Arbeit.

Rosen sind Sträucher, nehmen aber eine Sonderstellung ein. Zum einen gibt es die verschiedensten Wuchsformen und Blütenfarben, zum anderen ist die Rose die beliebteste Gartenpflanze überhaupt – und das schon seit Jahrhunderten. Allerdings sind Rosen nicht unbedingt unkompliziert. Manche Schönheit zeigt sich anspruchsvoll, leicht kränkelnd und intensiv in der Pflege. Es gibt aber auch sehr robuste Schönheiten, die das Prädikat »pflegeleicht« tragen. Diese Sorten stellen wir Ihnen in den Porträts ausführlich vor.

Klettergehölze begrünen Wände. Für die Verwendung muss man ihre jeweilige Kletterweise kennen. Schlinger winden sich mit ihren Trieben um Drähte, Äste und Schnüre. Die rankenden Arten bilden spezielle Ranken, die sich spiralig um bis zu fingerdicke Kletterhilfen wickeln, etwa Rankgitter. Haftorgane saugen sich an einem möglichst rauen Untergrund fest. Je nach Kletterweise der gewählten Art sucht man also eine passende Kletterhilfe aus.

Raffinierter Strukturenmix von Gehölzen.

Sträucher verleihen dem Garten eine räumliche Struktur. Zugleich bieten sich zahlreiche Arten als perfekter Sichtschutz an. Hecken frieden das Grundstück ein und geben ihm einen grünen Rahmen. Wer wenig Platz hat, verwendet Sträucher, die man durch regelmäßigen Schnitt zu einer grünen Wand erziehen kann. Frei wachsende Blütensträucher bereichern den Garten mit ihrem farbigen Flor und ergänzen das bunte Treiben von Stauden und Sommerblumen als grüne Kulisse.

Bäume bilden über einem einzelnen Stamm eine eindrucksvolle Krone und wirken meist prägend für die gesamte Gartengestaltung. Zudem sind sie wertvolle Schattenspender für heiße Sommertage. An kräftigen Stämmen kann man etwa eine Hängematte befestigen. Bei der Auswahl eines Baumes sollte seine zu erwartende Höhe im Einklang mit der Gartengröße stehen. Außerdem ist zu bedenken, ob sie viel Laub abwerfen und Fruchtstände oder Blütenreste lästig werden können. Eventuell ist dann eine immergrüne Art zu bevorzugen, die mit weniger Arbeit verbunden ist.

Der Einkauf der Pflanzen

Gesunde und kräftige Pflanzen

sind die Voraussetzung für einen guten Start im Garten. Deshalb sollte man die Pflanzen im Gartencenter und in der Gärtnerei prüfen. Bei Gehölzen sollte die Rinde frei von Verletzungen sein. Die Entwicklung von Blättern und Blüten muss der jeweiligen Jahreszeit entsprechen. Sinnvoll ist es auch, einen kritischen Blick auf die Blätter zu werfen, schließlich sollten die Pflanzen ohne Schädlinge und Krankheiten sein.

1. **Ballen prüfen** gehört zum Einkauf. Die gesunden, hell gefärbten Wurzeln sollten die Erde gut halten.

2. **Angebotsformen** von Sträuchern: Balliert oder im Container.

Stark verunkrautete Pflanzen deuten ebenso auf eine mangelnde Qualität hin wie ausgetrocknete Wurzelballen.
Grundsätzlich sollte man einen Pflanzplan zum Einkauf mitnehmen, denn die Beratung in Fachbetrieben deckt manchen Planungsfehler auf. Zudem kann der Verkäufer Fragen gezielt beantworten.

Neben der Pflanzenart spielt die Größe eine wichtige Rolle. Man bekommt die meisten Pflanzen im **Container**. Günstigere Angebotsformen sind **wurzelnackte Pflanzen**, etwa Rosen oder Heckensträucher. Dabei muss man berücksichtigen, dass nur Containerpflanzen das ganze Jahr über gesetzt werden können. Sie benötigen aber gerade in den Sommermonaten eine etwas intensivere Betreuung. Wurzelnackte Pflanzen werden dagegen nur im Spätherbst und Winter angeboten. Man steht also vor der Entscheidung: Hat man die Geduld, eine meist jüngere Pflanze zu setzen, oder leistet man sich für ein paar Euro mehr den Vorsprung von ein, zwei Jahren?

Das richtige Werkzeug

Wenn Arbeiten leicht von der Hand gehen sollen, ist man gut beraten, sich nicht mit dem erstbesten Spaten und irgendeiner Schere auszurüsten, sondern auf Qualität zu achten. Natürlich hat diese ihren Preis, aber man muss ja nicht gleich die perfekte Vollausstattung haben. Wichtig ist zunächst einmal folgendes Werkzeug: Spaten, Rechen, Handschaufel und -hacke, sowie Schere, Gießkanne, Schlauch und Eimer.

Was die Qualität betrifft, so spielen dabei zwei Dinge eine Rolle. Zum einen sollte man bequem mit dem Werkzeug arbeiten können. Jeder Mensch hat einen anderen Körperbau, und so braucht ein kleiner Mensch natürlich einen zierlicheren Spaten als ein großer. Und bei der Schere wird sich ein Linkshänder leichter tun, wenn er ein spezielles Modell verwendet. Zum anderen sollten die Werkzeuge solide gebaut sein. Das heißt nicht, dass beispielsweise der Spaten aus Edelstahl sein muss, sondern vielmehr, dass der Stiel aus einem harten Holz gefertigt sein sollte und der Griff nicht splittert.

1

1. **Hochwertiges Werkzeug** erleichtert die Gartenarbeit. Zur Grundausstattung gehören Spaten, Rechen, Handschaufel und Schere

2. **Die Aussaat gelingt in Torftöpfen und -tabletten.** Dadurch erspart man sich das spätere Vereinzeln (= Pikieren).

Aus Samen anziehen

Die Kinderstube der Pflanzen macht etwas mehr Arbeit als der Einkauf fertiger Pflanzen. Zugleich aber auch mehr Spaß. Am besten gelingt die Aussaat mit Torfquelltöpfen. Als Alternative bieten sich Torftöpfe an, die mit Aussaaterde befüllt werden. Beide können später mit eingepflanzt werden. Die Samen legt man in die Erde. Nur bei Lichtkeimern müssen die Samen auf der Erde liegen und dürfen nicht bedeckt werden. Nun gießt man an und schafft ein feuchtes Klima, indem man Gläser überstülpt, oder man verwendet ein Mini-Treibhaus für die Fensterbank, bis die Samen gekeimt sind.

2

Stauden einpflanzen

1. **Auslegen:** Man verteilt die Stauden wie im Pflanzplan vorgesehen.
2. **Einpflanzen:** Die ausgetopfte, gewässerte Staude wird eingesetzt und angedrückt.
3. **Angießen:** Regelmäßiges Wässern fördert das Anwachsen.

Vor jeder Pflanzung muss der Boden vorbereitet werden. Diese Mühe sollte man sich machen, weil sie später viel Arbeit erspart. Dabei müssen grobe Steine aufgelesen und Unkräuter mit ihren Wurzeln entfernt werden. Durch Baufahrzeuge kann bei Neubauten der Boden stark verdichtet sein. Die zusammengedrückten Erdschichten müssen gelockert werden, damit die Pflanzen später problemlos einwurzeln können. Man gräbt dazu den Boden ein bis zwei Spaten tief um. Lässt man die Schollen im Herbst grob liegen, werden sie bequem durch Frosteinwirkung zerkleinert.

Mit dem Rechen wird die Erde nun glatt geharkt. Dabei sollte man im Frühjahr gleich einen Volldünger einarbeiten, damit der Start in die Saison gut gelingt. Während dieser Arbeiten legt man die Stauden in eine Wanne mit Wasser. So kann sich der Wurzelballen nochmals kräftig vollsaugen. Anschließend stellt man die einzelnen Töpfe auf dem Beet auf. Hilfreich ist es, wenn man einen Pflanzplan zur Hilfe nehmen kann. So kann man die Pflanzabstände überprüfen und bequem ausgleichen. Zum Pflanzen sollte man ein altes Brett bereithalten. Es wird in die Lücken auf das Beet gelegt und verhindert, dass man beim Pflanzen die gerade gelockerte Erde wieder verdichtet.
Vor dem Pflanzen müssen die Stauden ausgetopft werden. Sitzen die Wurzeln fest oder sind gar durch die Abzugslöcher im Topfboden gewachsen, sollte man den Topf mit einer Gartenschere seitlich aufschneiden. Abgeknickte oder beschädigte Wurzeln schneidet man sauber ab. Nun wird mit der Handschaufel ein Loch gegraben. Es sollte so tief sein, dass die Wurzeln locker nach unten hängen. Man hält den Wurzelballen in das Loch und füllt den Aushub ein. Mit den Händen drückt man die Staude fest an. Sie sollte so hoch beziehungsweise tief im Gartenboden stehen wie zuvor im Topf. Anschließend gießt man an und verteilt Mulch in den Zwischenräumen.

Blütenpracht aus Zwiebeln

Im Frühling blühende Zwiebelblumen werden im Herbst gepflanzt. Je früher sie in die Erde kommen, desto besser wurzeln sie an. Man sollte beim Einkauf darauf achten, dass die Zwiebeln kräftig aussehen und unbeschädigt sind. Zur Pflanzung im Blumenbeet braucht man neben den Zwiebeln von Tulpen, Narzissen und Schneeglöckchen nur eine Handschaufel und bei schwerem Boden einen Eimer voll Quarzsand.

Für die **Pflanztiefe** gilt folgende Faustformel: Die Zwiebeln werden zwei- bis drei Mal so tief in die Erde gelegt wie sie hoch sind. Mit der flachen Seite legt man sie auf die Erde beziehungsweise eine dünne Schicht Sand und deckt sie anschließend mit Erde ab.

1

2

1. **Wurzelschnitt** bedeutet bei Rosen, dass man sehr lange und beschädigte Wurzeln einkürzt.
2. **Mit dem Pflanzschnitt** werden die Triebe auf ein Drittel eingekürzt.
3. **Sand** gibt man als erstes in das Pflanzloch, damit die Zwiebeln nicht nass stehen und faulen.
4. **Die Zwiebeln** legt man nun mit der flachen Seite auf den Sand.

3

4

Rosen perfekt pflanzen

Die Königin der Blumen kann gut im späten Herbst gepflanzt werden. Die Stöcke werden in dieser Zeit und im zeitigen Frühjahr ohne festen Wurzelballen angeboten. Zunächst wässert man sie und gräbt ein tiefes Pflanzloch. Den Grund dieses Loches lockert man mit der Grabegabel, da Rosen tief wurzeln. Auf schweren Böden mischt man etwas Komposterde unter. Ebenso wird der Aushub mit Humus verbessert. Vor dem Pflanzen kürzt man sehr lange und beschädigte Wurzeln ein. Die Triebe sind in der Regel fachgerecht geschnitten. Nun die Rose einpflanzen, sodass die Veredelungsstelle, meist als Verdickung über dem Wurzelansatz leicht zu erkennen, unter der Erde liegt. Zuletzt die Rosen angießen und mit Erde anhäufeln.

1. **Das Pflanzloch** wird großzügig ausgehoben.
2. **Den Ballen** mit dem Ballentuch einsetzen, sodass der Baum genauso tief steht wie zuvor in der Baumschule.
3. **Das Ballentuch** bleibt um die Wurzel, es wird nur aufgeknotet. Es verrottet später.
4. **Der Aushub** wird eingeschlämmt und ein Stützpfahl gesetzt.

Gehölze pflanzen

Der optimale Termin für die Pflanzung von Laub abwerfenden Bäumen und Sträuchern ist das Winterquartal. Immergrüne müssen dagegen bis Anfang Oktober in der Erde sein, damit sie noch bis zum Winter einwurzeln. Allerdings gibt es grundsätzlich auch die Möglichkeit, Containerpflanzen zu setzen, und das geht auch im Frühjahr und Sommer. Einschränkend muss man aber hinzufügen: Jetzt ist Aufmerksamkeit gefragt, denn man muss sehr viel gründlicher gießen, bis sich die Pflanzen an den neuen Standort gewöhnt haben.

Grundsätzlich werden die Pflanzen zunächst gewässert. Anschließend gräbt man ein Pflanzloch, das so tief ist, dass ganz gleich ob Baum oder Strauch anschließend genauso tief in der Erde sitzen wie zuvor auf dem Baumschulacker oder im Container. Diese Höhe kann man an der Rinde gut an der grünlichen Bemoosung erkennen, die erst über der Erde beginnt. Das Pflanzloch wird am Grund gelockert und mit Wasser gefüllt. Wenn dieses nahezu versickert ist, kann der Ballen eingesetzt werden. Bei Stamm bildenden Gehölzen muss darauf geachtet werden, dass sie gerade stehen. Notfalls unterfüttert man den Ballen mit etwas Erde. Bei Ballenware wird nun das so genannte Ballentuch am Stamm geöffnet. Man lässt es aber im Pflanzloch, es gibt zunächst Halt und verrottet später.

Anschließend wird der Aushub eingefüllt und eingeschlämmt. An einem Stützpfahl werden Bäume festgebunden. Für Hecken schaufelt man einen Graben aus und setzt die Pflanzen in gleichmäßigen Abständen hinein. Beim Auffüllen mit Erde richtet man die Pflanzen aus.

1x1 der Bewässerung

Wasser ist das Lebenselixier der Pflanzen. Nach der Pflanzung und im Hochsommer wird der Schlauchwagen häufig aus dem Keller geholt, und man kann viel Zeit mit dem Gießen verbringen. Ist es heiß, macht es vielleicht noch Spaß, aber eigentlich kann man sich hier die Arbeit richtig erleichtern. Zunächst einmal geht es darum, richtig zu gießen. Gießen Sie lieber einmal durchdringend und kräftig als ständig nur ein bisschen. Prüfen Sie mit der Handschaufel, ob nur die Erdoberfläche nass geworden ist oder ob das Wasser an die Wurzeln gelangt. Bei Gehölzen und Rosen empfiehlt sich der Gießrand, der aus Erde geformt wird. Sparen Sie die Zwischenräume aus und halten Sie den Schlauch direkt an die Pflanzen.

Im Sommer sollte man morgens gießen und nie einen fein sprühenden Brausekopf nehmen, sonst verdunstet das meiste Wasser. Hilfreich ist ein Tropfschlauch, der schlängelnd zwischen den Gartenblumen verlegt wird. Allerdings sollte man sich nicht nur darauf verlassen. Hin und wieder muss man schon mal per Hand nachgießen.

1. **Mulch** bringt man zwischen allen Pflanzen aus, damit der Boden nicht so schnell austrocknet und unkrautfrei bleibt. Gehäckseltes Schnittgut eignet sich dazu wunderbar.
2. **Dünger** wird rund um die Pflanze verteilt und mit einer Hacke in den Boden eingearbeitet.
3. **Der Tropfschlauch** gibt Wasser aus kleinen Öffnungen an die Erde ab.

Mulchen & Düngen

Diese beiden Arbeiten kann man in einem erledigen. Zunächst streut man Dünger. Dabei ist ein Volldünger für Gehölze, Rosen, Stauden oder Blühpflanzen jeweils zu bevorzugen. Langzeitdünger, die man im Frühjahr streut, ersparen sogar das Nachdüngen im Sommer. Beim Ausbringen sollte man darauf achten, dass der Dünger nur rund um die Pflanze gestreut wird. In den Zwischenräumen bringt er der Bepflanzung nichts, fördert aber einen »gesunden« Unkrautwuchs.

Anschließend wird Mulch ausgebracht. Dazu nimmt man eine Mischung aus Häcksel und Laub oder ein fertiges Rindenprodukt. So wird der Boden vor dem Austrocknen geschützt. Er bleibt locker, und Unkraut wird zur Ausnahme.

1

2

Tipps zur Staudenpflege

Das Stützen von manchen Stauden lässt sich nicht vermeiden. Am besten verwendet man Staudenhalter. Diese werden im Frühling um den Horst in die Erde gesteckt. Die Triebe wachsen hinein und bekommen optimalen Halt. Solche Metallhalter gibt es im Fachhandel. Nach dem Rückschnitt im Herbst werden sie aus der Erde genommen. Sehr gut finden Rittersporn, Sommerphlox und Strauchmalven in dem Drahtring Halt. Bei Sonnenauge und Sonnenbraut kann man den Horsten auch dadurch Stabilität verleihen, dass man die frisch ausgetriebenen Horste entspitzt.
Sind die ersten Stauden des Frühsommers verblüht, schneidet man sie zurück. Bei Frauenmantel und Storchschnabel kann man den ganzen Horst mit der Akkuschere abmähen. Düngt und gießt man sie anschließend regelmäßig, treiben sie frisch durch und blühen nochmals. Das gelingt auch bei Rittersporn, Sommersalbei und Woll-Ziest. Ansonsten putzt man Verblühtes gelegentlich aus.
Samenstände lässt man stehen. Sie prägen die Winterbilder. Erst im zeitigen Frühjahr vor dem Austrieb schneidet man Gräser und Stauden bodennah zurück.

Rückschnitt im Beet

1. **Abgeblühtes** von z.B. Sommerphlox wird nach der Blüte abgeschnitten.
2. **Gräser** werden im Frühjahr vor dem Austrieb zurückgeschnitten.

Gehölzschnitt

3. **Frühlingsblühende** Gehölze wie Forsythien lichtet man unmittelbar nach der Blüte aus.

3

Rückschnitt von Gehölzen

Bei Bäumen kann man nicht nur auf einen Rückschnitt verzichten, man sollte es sogar. Andernfalls wird die natürliche Wuchsform gestört, und darauf kommt es bei Gehölzen wie dem Kugelahorn gerade an. Lediglich beschädigte Zweige oder Äste, die so dicht stehen, dass sie aneinander reiben, werden eingekürzt.
Bei **Blütensträuchern** muss man hinsichtlich des Schnittes zwischen den frühjahrs- und den sommerblühenden Arten unterscheiden. Sträucher, die im Frühling blühen, wie Forsythien und Flieder, bilden ihre Blütenknospen an den Trieben des vorigen Jahres. Der ideale Zeit-

1

Gut geschützt vor Winterkälte

Rosen und empfindliche Pflanzen sollte man zum Saisonende vor Kahlfrösten, das heißt Minusgrade ohne schützende Schneedecke, und Winternässe schützen. Luftdurchlässiges Gewebe und natürliche Materialien sind die besten Helfer. Frisch gepflanzte Staudenbeete, Rosenbeete und empfindliche Gartenblumen schützt man am besten, indem man aus reifer Komposterde, Laub und/oder gehäckseltem Astwerk eine lockere Abdeckung mischt. Damit sie vom Wind nicht weggeweht wird, legt man einige Tannen- oder Fichtenreiser darüber. Erst kurz vor dem Austrieb nimmt man die Zweige ab. Die Humusschicht lässt man als Mulch einfach auf dem Beet liegen. Nur die Rosen häufelt man etwas ab.
Will man Hochstammrosen oder empfindliche Sträucher, vor allem Immergrüne, schützen, so nimmt man weißes Vlies und wickelt es mit einer Kordel um die Pflanze. Oder man stellt Bambusmatten schützend um die Büsche.

punkt, um alte Zweige herauszuschneiden und den Wuchs etwas zu zügeln, liegt direkt nach der Blüte. Dabei sollte man die Äste möglichst bodentief abschneiden. Sonst entstehen durch Neuaustrieb unschöne besenartige Sträucher.
Sommerblühende Sträucher wie Sommerflieder bilden ihre Blütenknospen im gleichen Jahr. Daher werden sie im Frühling kräftig zurückgeschnitten, damit sich ein vitales Astgerüst aufbauen kann.
Für **Formschnitthecken** gelten folgende Schnittregeln: Immergrüne Arten, wie Buchsbaum, können im März geschnitten werden. Sie sollte nochmals Anfang August in Form gebracht werden, allerdings nur bei bedecktem Wetter. Die Laub abwerfenden Arten, zum Beispiel Hainbuchen, werden dagegen frühestens im April und ebenfalls im August geschnitten, wenn die Blätter frisch ausgetrieben haben.

Gehölzschnitt
1. **Sommerblühende** Sträucher wie Sommerflieder werden im Frühjahr stark gekürzt, um den Neuaustrieb anzuregen.

Winterschutz
2. **Beete** mit Laub und Nadelreisig abdecken.
3. **Rosenhochstämmchen** mit Vlies und dicker Schnur einwickeln.

2

3

Schafgarbe
(Achillea filipendulina)

⬆ 60–120 cm ❃ 6–9 ○

Dauerblüher für die heiße Phase des Sommers. Nicht nur pflegeleicht, sondern auch sehr robust.
Wuchs: Große Blatthorste, aus denen sich die straff aufrecht wachsenden Blütenstiele erheben.
Blüte: Tellerförmige, große Blütendolden, die über viele Wochen die Beete schmücken, verschiedene Gelbtöne, je nach Sorte.
Standort: Sonnige Blumenbeete mit nährstoffreichen, lehmhaltigen Böden.
Pflege: Im zeitigen Frühling die Horste komplett zurückschneiden und mit reifem Kompost bedecken.
Tipps: Blüten ideal für Sommersträuße aus dem eigenen Garten.

Sorten: 'Coronation Gold' – graulaubig, goldgelbe Blüte, 80 cm; 'Parker's Varietät' – grünlaubig, standfest, gelbe Blüten, 100 cm; 'Schwefelblüte' – graulaubig, schwefelgelbe, 60 cm.

Herbst-Eisenhut
(Aconitum carmichaelii)

⬆ 100–140 cm ❃ 9–10 ◑

Stattliche Schönheit für einen Höhepunkt im Halbschatten am Ende des Sommers.
Wuchs: Aufrechte Horste mit verzweigten, hohen Blütentrieben.
Blüte: Helmartig, gestielt, in lang gestreckten Rispen, intensiv violett.
Standort: Frische, nährstoffreiche Böden; kühl absonnig bis halbschattig.
Pflege: Gute Nährstoffversorgung sicher stellen; nach der Blüte zurückschneiden.
Tipps: Bei Pflegemaßnahmen immer Plastikhandschuhe tragen, da alle Teile, insbesondere der Wurzelstock, giftig sind.

Sorten: 'Arendsii' – intensiv blaue Blüten, 130 cm hoch, blüht bis zum Frost.

Herbst-Anemone
(Anemone hupehensis)

⬆ 80–100 cm ❋ 8–10 ◑

Wundervoller, dezent wirkender Blütenschmuck für den Spätsommer und, wie der Name sagt, für den Herbst.

Wuchs: Aufrecht, breitet sich durch kurze Ausläufer unterirdisch aus.

Blüte: Große, zum Teil halbgefüllte Schalen in lockeren Rispen, weiß, rosa oder rosarot.

Standort: Frische, humose Böden mit einer guten Nährstoffversorgung; ideal für halbschattige Plätze oder den lichten Schatten.

Pflege: Gute Nährstoffversorgung; mit lockerer Mulchschicht im Winter abdecken; Boden rund um die Pflanzen nicht mit der Hacke lockern.

Tipps: Vorzugsweise im Frühjahr pflanzen.

Sorten: 'Septembercharme' – zartrosa, einfach, 80 cm hoch; *A. japonica* 'Honorine Jobert' – weiß, einfach, 80 cm hoch; *A. japonica* 'Rosenschale' – dunkelrosa, großblütig, 60–80 cm.

Frauenmantel
(Alchemilla mollis)

⬆ 30–40 cm ❋ 6–8 ○–●

Einer der schönsten und zuverlässigsten Gartenvagabunden. Ideal für Einsteiger, beliebt bei Kennern.

Wuchs: Kompakte Horste mit kurzen, kriechenden Stängeln.

Blüte: Winzig, grüngelb, in lockeren Trugdolden an langen Stielen, wirken wie ein Schleier.

Standort: Vorzugsweise frische, humose Böden, passt sich aber sowohl der Boden- als auch der Lichtsituation gut und problemlos an.

Pflege: Rückschnitt nach der ersten Blüten fördert den Neuaustrieb und eine zweite Blüte. Horste im Frühjahr säubern.

Tipps: Ideal für Blumensträuße. Schöne Topfpflanze.

Akelei
(Aquilegia-Hybriden)

⬆ 40–70 cm ❊ 4–5 ◑

Halbhoher Frühlingsblüher, der mit Leichtigkeit den Halbschatten erobert.

Wuchs: Aufrecht, nicht sehr breit, verzweigte Blütenstiele.

Blüte: Endständig, gespornt, nach unten hängend, in Blau, Violett, Gelb, Rot, Rosa, Weiß, teils zweifarbig.

Standort: Frische, humose Böden im Halbschatten oder lichten Schatten.

Pflege: Blütenstiele nach der Blüte zurückschneiden. Einige Früchte lässt man stehen, bis die Samen ausfallen. Durch Selbstaussaat hält man die eher kurzlebigen Stauden im Garten.

Tipps: Ideal zur Auflockerung von Bodendeckern.

Sorten: 'Blue Star' – hellblau, 60 cm; 'Nivea' – reinweiß, 90 cm; 'Mc Kana-Hybriden' – großblumige Mischung, 60 cm.

Kissenaster
(Aster-Dumosus-Hybriden)

⬆ 15–50 cm ❊ 9–10 ○

Die kompakten, niedrigen Horste verschwinden im Herbst unter den unzähligen Blütensternen.

Wuchs: Kompakte Horste, die sich je nach Sorte stärker oder schwächer durch Ausläufer ausbreiten.

Blüte: Sternförmig in dichten bis lockeren Blütenständen, rosa, violett, blau, rot, weiß mit gelber oder brauner Mitte.

Standort: Frische, nährstoffreiche, nicht zu trockene Böden; vollsonnig.

Pflege: Im Herbst zurückschneiden und den gesamten Horst mit Kompost bedecken; alle drei bis vier Jahre teilen oder Ränder abstechen.

Tipps: Hübsch für Beeteinfassungen.

Sorten: 'Blaue Lagune' – gesund, kräftig blau, 50 cm; 'Lady in Blue' – halbgefüllt, reines blau, 30 cm; 'Kassel' – karminrot, spätblühend, 40 cm, 'Nesthäckchen' – dunkelrosa, kompakt, 25 cm.

Glattblattaster
(Aster novi-belgii)

⬆80–140 cm ❋ 9–6 ○

Leuchtender Farbträger für die Herbstwochen.
Wuchs: Aufrechte Horste.
Blüte: Zum Teil gefüllte oder halbgefüllte Blüten in lockeren, aber üppigen Rispen, blau, violett, lila, weiß und rosa.
Standort: Frische, nährstoffreiche Gartenböden, vollsonnig, aber kühle Böden; kein Sandboden.
Pflege: Gute, nicht zu stickstoffbetonte Düngung; nach der Blüte zurückschneiden und mit Kompost abdecken; frühzeitig stützen, damit sie bei Herbststürmen nicht zerzaust werden.
Tipps: Möglichst im Hintergrund platzieren, da die Stängel zur Blüte meist unansehnlich sind.

Sorten: 'Dauerblau' – lange Blüte, violettblau, 120 cm; 'Patricia Ballard' – gefüllt, intensiv rosa, 120 cm; 'Schneekuppe' – weiß, 120 cm.

Garten-Astilbe, Prachtspiere
(*Astilbe*-Arendsii-Hybriden)

⬆60–120 cm ❋ 6–9 ○–◑

Sie schmücken den lichten Schatten mit leuchtenden Farben und das im Hochsommer.
Wuchs: Halbhohe bis hohe Horste, die mäßig in die Breite wachsen.
Blüte: Winzige Blüten in lockeren bis kompakten Rispen über dem Laub, weiß, rosa, rot und karmin.
Standort: Nahrhafte, humose Gartenböden im lichten Schatten; je höher die Bodenfeuchtigkeit, desto sonniger kann das Beet sein; Staunässe jedoch meiden.
Pflege: Im Herbst Kompost großzügig über die Horste streuen; gelegentlich teilen.
Tipps: Ein Lichtblick für alle, die an Schnecken verzweifeln. Astilben bleiben unberührt von der Plage.

Sorten: 'Fanal' – granatrot, dunkles Laub, 60 cm; 'Cattleya' – rosa, 100 cm; 'Rosa Perle' – zartrosa Blütenperlen, 50 cm; *Astilbe thunbergii* – starkwüchsig, locker überhängende Blütenrispen.

Tafelblatt
(Astilboides tabularis)

⬆ 80–150 cm ❋ 6–7 ◑–●

Echter Hingucker mit großen, ornamentalen Blättern.
Wuchs: Breit ausladende Blatthorste aus knolligem Erdstamm; schildförmige Blätter an langen Stielen.
Blüte: Leicht überhängende Traubenrispe mit zahlreichen, kleinen Einzelblüten in Weiß.
Standort: Frische, feuchte und nährstoffreiche Böden im Halbschatten und Schatten.
Pflege: Im Herbst mit einer Mischung aus trockenem Laub und reifer Komposterde dick abdecken; ansonsten lässt man die Pflanzen am besten in Ruhe.
Tipps: Wächst auch unter Bäumen mit tiefem Wurzelkörper.

Sorten: 'Opal' – große silbrig-lilafarbene Blüten, 70 cm, 6–7.

Bergenie
(Bergenia-Hybriden)

⬆ 30–40 cm ❋ 4–5 ○–●–◑

Unkomplizierter als mit Bergenien geht es kaum noch.
Wuchs: Flach kriechende Rhizome mit großen, ledrigen Blättern an Stielen, immergrün.
Blüte: Gestielte Trugdolden mit kleinen Glöckchen, in Weiß, Rosa, Karminrot.
Standort: Trockene bis frische Böden; toleriert jede Lichtsituation.
Pflege: Im Frühjahr zur Blüte ausputzen, Blütenstiele im Frühsommer entfernen. Gelegentlich teilen und hoch gewachsene Rhizome wieder tief in die Erde setzen.
Tipps: Bei der Sortenwahl auf eine hübsche Herbstfärbung achten. Es gibt Sorten, die im Spätsommer ein zweites Mal blühen. Keine Probleme mit Schnecken.

Sorten: 'Abendglut' – kompakt, purpurrot, 30 cm; 'Eroica' – purpurviolett, tolles Winterlaub, 40 cm; 'Morgenröte' – leuchtend rosa, blüht im Spätsommer ein zweites Mal, 30 cm.

Kaukasus-Vergissmeinnicht
(Brunnera macrophylla)

⬆ 30–40 cm ✻ 4–6 ○–●–◑

Robust, langlebig und ausgesprochen dekorativ – was will man mehr.
Wuchs: Zunächst rundliche Horste, später bedeckt das herzförmige Blattwerk größere Flächen.
Blüte: Himmelblaue Blüten wie Vergissmeinnicht in lockeren Rispen.
Standort: Frische, lehmig-humose Böden im lichten Schatten. Am Teichrand oder Bachlauf auch sonnig.
Pflege: Rückschnitt im zeitigen Frühjahr.
Tipps: Bei starker Selbstaussaat müssen die Blütentriebe unmittelbar nach dem Verblühen zurückgeschnitten werden.

Sorte: 'Langtrees' – silbrige Flecken auf den großen grünen Blättern.

Oktober-Silberkerze
(Cimicifuga simplex)

⬆ 100–140 cm ✻ 10–11 ◑

Elegante Schönheit für den Herbst im Schatten.
Wuchs: Dichte Horste aus gefiederten Blättern über denen die Blüten schweben.
Blüte: Überhängende Rispen an stark verzweigten Blütenstielen.
Standort: Kühler Halbschatten, dann passt sie sich leicht an verschiedene Böden an.
Pflege: Rückschnitt im Frühling vor dem Austrieb.
Tipps: So platzieren, dass sie im Herbst immer ins Auge fallen.

Sorten: 'Armleuchter' – reinweiß, stark verzweigt, 140 cm; *C. ramosa* 'Brunette' – schwarze Blätter, duftende Blüten.

Rittersporn
(Delphinium-Elatum-Hybriden)

⬆ 80–200 cm ✻ 6–7, 9–10 ○

Macht nur richtig Spaß, wenn man keine Probleme mit Schnecken hat.
Wuchs: Aufrechte Horste, untere Hälfte dicht belaubt, darüber stehen die Blütenkerzen.
Blüte: Gespornte Blüten an drahtigem Stiel in langen, schwach verzweigten Trauben.
Standort: Frische, nährstoffreiche Lehmböden, möglichst kühl.
Pflege: Im Frühling gut düngen; frühzeitig stäben; nach der Blüte zurückschneiden, um eine zweite Blüte im Spätsommer zu fördern.
Tipps: Toll zu Rosen; fühlt sich durch starkwüchsige Stauden bedrängt.

Sorten: 'Lanzenträger' – mittelblau mit weißem Auge, standfest; 'Ouvertüre' – mittelblau mit dunklem Auge, früh blühend; 'Piccolo'– azurblau, 80 cm; 'Zauberflöte' – blau mit rosa, spät.

Tränendes Herz
(Dicentra spectabilis)

⬆ 60–80 cm ✻ 5–6 ◑

Der Inbegriff von romantischer Bauerngartenidylle.
Wuchs: Dichte Horste aus stumpf grünen Blättern aus denen die Blütentrauben wachsen.
Blüte: Wie der Name sagt: Ein tränendes Herz in Rosa mit weißer Träne oder ganz in Weiß.
Standort: Frische, feuchte und locker humose Böden; kühl und halbschattig.
Pflege: Gegebenenfalls mit Bambusstäben stützen; nach der Blüte zurückschneiden. Will möglichst nicht gestört werden.
Tipps: Da die Pflanze nach der Blüte einzieht, sollte man sie in die Beetmitte setzen, sodass Sommerblüher die Lücke geschickt verdecken.

Sorten: 'Alba' – weiß blühende Form.

Fingerhut
(Digitalis purpurea)

⬆ 100–140 cm ✻ 6–7 ●–◑

Kurzlebige Schönheit, die sich durch Selbstaussaat im Garten viele Jahre behauptet.

Wuchs: Rosetten aus filzigen Blättern, die sich im zweiten Jahr strecken und blühen.

Blüte: Glockenförmig in langen Kerzen; rosa, purpur, weiß, dunkle Flecken in der Blüte.

Standort: Frische, humusreiche Böden; halbschattig, jedoch nicht unter Laubgehölzen.

Pflege: Blütenstiel frühzeitig zurückschneiden, um die Lebensdauer zu verlängern.

Tipps: Lassen Sie die Samenkapseln ausreifen; der Fingerhut sät sich ganz von alleine wieder aus.

Roter Sonnenhut
(Echinacea purpurea)

⬆ 70–120 cm ✻ 7–9 ○

Sommerlicher Dauerblüher, der leider zu den kurzlebigen Stauden zählt.

Wuchs: Dichte Horste aus rauen Blättern mit starren Blütenstielen.

Blüte: Karminrote Strahlenblüten mit einer orangebraunen, hochgewölbten Mitte.

Standort: Lehmige, nährstoffreiche Böden mit gutem Nährstoffangebot; warm, sonnig.

Pflege: Nach der Blüte zurückschneiden, um die Lebensdauer zu verlängern.

Tipps: Alle drei bis vier Jahre neue Pflanzen setzen.

Sorten: 'Abendsonne'– intensives Karminrot, 70 cm; 'Alba' – cremefarbene Blüten, 100 cm.

Kugeldistel
(Echinops ritro)

⬆ 50–80 cm ✻ 8–9 ○

Die kugelrunden Blütenstände wirken extravagant und fallen im Blumenbeet auf.

Wuchs: Lockere, aufrechte Horste mit stachelig gerandeten Blättern, die unterseits weiß filzig sind.

Blüte: Klein, bilden eine borstige Kugel am Stielende; blau.

Standort: Durchlässige, kalkhaltige Böden, trocken warm bis frisch; vollsonnig.

Pflege: Anspruchslos.

Tipps: Ein paar Blüten kann man für frische oder trockene Blumensträuße schneiden, dann verhindert man starkes Versamen.

Sorten: 'Veitch's Blue' – stahlblaue Blüten, 50–80 cm hoch.

Feinstrahlaster
(Erigeron-Hybriden)

⬆ 50–80 cm ✻ 6–7; 9 ○

Ein beliebter Sommerblüher, der aus seiner Verwandtschaft mit den Astern kein Geheimnis macht.

Wuchs: Buschige Horste mit lanzettlichen Blättern.

Blüte: Asternartige, violette, rosa, rote oder weiße Zungenblüten um eine gelbe Mitte.

Standort: Frische, gut durchlüftete, nährstoffreiche Böden; sonnig, warm.

Pflege: Horste im Winter komplett mit reifem Kompost bedecken.

Tipps: Nach der ersten Blüte zurückschneiden, gießen und düngen, dann blühen die Horste im Spätsommer zum zweiten Mal.

Sorten: 'Dunkelste Aller' – tiefviolett; 'Rosa Schönheit' – rosa; 'Sommerneuschnee' – weiß; 'Strahlenmeer' – hellviolett.

Gold-Wolfsmilch
(Euphorbia polychroma)

↑ 30–50 cm ✻ 4–5 ○–◑

Bezaubernde, unkomplizierte Frühlingsstaude mit enormer Leuchtwirkung.
Wuchs: Grün belaubte Horste, rötliche Triebe.
Blüte: Winzige Scheinblüten inmitten von goldgelben Hochblättern an den Triebenden.
Standort: Kalkhaltige, nährstoffreiche Böden, die im Sommer trocken sind; sonnig bis halbschattig, aber warm.
Pflege: Im Spätherbst zurückschneiden, dabei unbedingt Handschuhe anziehen (giftig!).
Tipps: Hübsch für Kiesflächen und zur Auflockerung von größeren Pflasterflächen.

Blut-Storchschnabel
(Geranium sanguineum)

↑ 10–50 cm ✻ 5–8 ○–◑

Wildstaude mit enorm langer Blütezeit.
Wuchs: Breitwüchsig, die Triebe mit den tief eingeschnittenen Blättern breiten sich ungeniert aus und legen bzw. schieben sich über Nachbarpflanzen oder andere Hindernisse.
Blüte: Schalenförmig, karminrot, weiß, hellrosa.
Standort: Warme bis heiße, trockene bis frische Böden, Vorliebe für kalkhaltige Böden; auch am Gehölzrand.
Pflege: Rückschnitt im Frühjahr.
Tipps: Dem Ausbreitungsdrang kann man im Sommer mit einem radikalen Rückschnitt begegnen.

Sorten: 'Album' – weiß, 25 cm; 'Max Frei' – dunkelrosa, 30 cm.

Wald-Storchschnabel
(Geranium sylvaticum)

⬆ 30–60 cm ❊ 6–7 ◑

Natürlich in der Wirkung, unkompliziert im Halbschatten.

Wuchs: Auseinanderfallende Horste mit handförmig gelappten Blättern.
Blüte: Glockig überhängend, weiß, rosa bis lila.
Standort: Frische bis feuchte, wiesenartige Flächen, kühl, nie trocken; am Gehölzrand.
Pflege: Rückschnitt nach der Blüte.
Tipps: Größere Flächen können mit einem Rasentrimmer geschnitten werden.

Sorten: 'Album' – reinweiß; 'Mayflower' – mehrblütige Dolden, lichtblau.

Nelkenwurz
(Geum coccineum)

⬆ 30–50 cm ❊ 5–9 ○–◑

Nicht besonders spektakulär, aber dafür extrem dankbar und pflegeleicht.

Wuchs: Oberirdisch kriechende Polster aus wintergrünen Blättern.
Blüte: An langen Stielen sitzen Schalen, leuchtend orange.
Standort: Frische bis feuchte, nährstoffreiche Böden; gedeiht am Gehölzrand ebenso gut wie in der Rabatte und am Bachlauf.
Pflege: Rückschnitt im zeitigen Frühjahr.
Tipps: Wer sowieso gerade etwas in der Nachbarschaft zurückschneidet, der nimmt die welken Blüten weg. Die Blütezeit wird dadurch verlängert.

Sorten: 'Werner Arends'– halbgefüllt, orangerot, blüht bei Rückschnitt nach der Blüte ein zweites Mal.

Teppich-Schleierkraut
(Gypsophila repens)

⬆ 10–25 cm ✻ 5–8 ○

Polster mit wolkenartigen Blütenständen – für Romantiker und Steingartenfans.
Wuchs: Dichte Polster aus niederliegenden Stielen, die in reich verzweigten Blütenständen enden.
Blüte: Winzig, sternförmig, weiß bis helllila und rosa, in Rispen.
Standort: Durchlässige, trockene bis frische Böden; warm, kalkliebend.
Pflege: Anspruchslos.
Tipps: Hübsch für Fugen in Natursteinmauern. Winternässe vermeiden.

Sorten: 'Compacta Plena' – weiß, gefüllt; 'Rosenschleier' – zartrosa, gefüllt, lange Blütezeit.

Sonnenbraut
(Helenium-Hybriden)

⬆ 60–150 cm ✻ 6–9 ○

Sommerschönheiten, die sich durch enorme Blühfreudigkeit beliebt machen.
Wuchs: Horstartig, Stiele unten besetzt mit lanzettlichen Blättern, darüber doldenartig verzweigte Blüten.
Blüte: Endständige Körbchenblüten mit kugelförmiger Mitte, gelb, orange, rotbraun.
Standort: Frische bis feuchte, nährstoffreiche Böden, warm, vollsonnig.
Pflege: Bei Trockenheit wässern; im Herbst zurückschneiden und den Horst mit Mulch abdecken.
Tipps: Um die Standfestigkeit zu erhöhen, entspitzt man den Austrieb, so lange noch keine Blütenknospen zu sehen sind.

Sorten: 'Goldlackzwerg' – rotbraun gelb, 70 cm; 'Moerheim Beauty' – braunrot, 80 cm, früh; 'Septembergold' – goldgelb, 110 cm, spät; 'Waltraud' – goldbraun mit gelb; gedrungen, 90 cm.

Sonnenauge
(Heliopsis helianthoides var. *scabra)*

⬆ 80–150 cm ❋ 7–9 ○

Wer sich den ganzen Sommer Blüten wünscht, kann auf das Sonnenauge nicht verzichten.
Wuchs: Horstartig, Stiele mit spitz eiförmigen, rauen Blättern.
Blüte: Wie kleine Sonnenblumen in verschiedenen Gelbtönen, zum Teil gefüllt.
Standort: Frische, durchlässige und nährstoffreiche Böden; sonnig warm.
Pflege: Im Herbst zurückschneiden und mit reichlich reifer Komposterde verwöhnen.
Tipps: Rückschnitt, wie bei *Helenium* beschrieben, erhöht die Standfestigkeit. Aufbinden ist dann überflüssig.

Sorten: 'Goldgrünherz' – gelb gefüllt mit grüner Mitte; 'Karat' – sattgelb, ungefüllt; 'Spitzentänzerin' – orangegelb, halbgefüllt; 'Venus' – goldgelb, ungefüllt.

Nieswurz, Lenzrose
(Helleborus-Orientalis-Hybriden)

⬆ 25–50 cm ❋ 2–4 ◑–●

Das Nonplusultra für ein frühes Winterende im Garten.
Wuchs: Dichte, wintergrüne Horste; aus unterirdisch kriechenden Rhizomen wachsen lang gestielte, handförmig geteilte Blätter und Blütenstiele.
Blüte: Schalen, die mehr oder weniger stark übergeneigt sind, weiß, rosa und burgunderrot mit Sprenkelung in der Blütenmitte. Später hübsche Balgfrüchte.
Standort: Frische bis feuchte, humusreiche Böden, kalkliebend; halbschattig bis schattig.
Pflege: Alte Blätter zur Blüte ausputzen.
Tipps: Auch wenn diese Pflanze etwas später blüht, ist sie viel unkomplizierter als die Echte Christrose (*Helleborus niger*).

Taglilie
(Hemerocallis-Hybriden)

⬆ 40–110 cm ❀ 5–9 ○–◑

Jede Blüte ist nur einen Tag geöffnet – daher der Name. Die Zahl der Knospen reicht für viele blütenreiche Wochen. Es gibt unzählig viele Sorten.
Wuchs: Breite Horste aus grasartigem, zum Teil wintergrünem Laub.
Blüte: Trichterförmig, erinnern an Lilien, an straff aufrechten Stielen über dem Laub, gelb, orange, rosa, rot, zum Teil zweifarbig, unterschiedlich groß.
Standort: Wenn genügend Nährstoffe vorhanden sind, enorm tolerant, von mäßig trockenen bis feuchten Böden; sonnig bis halbschattig warm.
Pflege: Regelmäßig düngen, gelegentlich teilen.
Tipps: Leicht zu verpflanzen.

Sorten: 'Citrina' – zitronengelb; 'Stella d'Oro'– orangegelb, zierlich, 40 cm hoch; 'Neyron Rose'– rosarot, 70 cm.

Funkie
(Hosta-Hybriden)

⬆ 30–80 cm ❀ 6–8 ◑–●

Der Inbegriff einer Blattschmuckstaude mit vielen Variationen und einem großen Feind: der Schnecke.
Wuchs: Üppige Horste aus gestielten, herzförmigen, blaugrauen bis frisch grünen Blättern, die unterschiedlich gezeichnet sind.
Blüte: Glocken- bis trichterförmig, in Trauben an drahtigen Stielen, weiß, hell bis kräftig lila.
Standort: Frische, humose Böden, kühle Plätze im lichten Schatten.
Pflege: Neuaustrieb bei Spätfrösten schützen; Schneckenbekämpfung; Stiele nach der Blüte entfernen.
Tipps: Tolle Topfpflanze für den Schatten.

Sorten: *H. sieboldiana* 'Elegans' – große Blaublattfunkie; 'Patriot' – breiter, weißer Blattrand, 40–60 cm.

Wieseniris
(Iris sibirica)

⬆ 60–90 cm ❋ 5–6 ○–◑

Schlichte und wunderschöne Schwester der Schwertlilie für Blumenbeete und Uferbereiche.
Wuchs: Dichte Horste aus grasartigem, frisch grünem Laub.
Blüte: Wie eine Schwertlilie mit zierlichen Blütenblättern, an straffen Stielen über den Blättern, in Violett, Blau, Weiß.
Standort: Frische bis feuchte, nährstoffreiche Böden, luftfeucht; sonnig bis halbschattig.
Pflege: Im Frühling Horste zurückschneiden und düngen.
Tipps: Kann man durch Teilung im Frühling leicht vermehren.

Sorten: 'Cambridge' – hellblau, große Blüten, 70 cm; 'Caesar's Brother' – nachtblau, 90 cm; 'Elfe' – violettblau, 80 cm; 'White Swirl' – weiß, 70 cm.

Fackellilie
(Kniphofia-Hybriden)

⬆ 50–100 cm ❋ 5–6 ○

Die Blütenstände erinnern an Fackeln und sind ein echter Hingucker.
Wuchs: Horste aus grasartigem, wintergrünem Laub.
Blüte: Röhrenförmige Einzelblüten, die in einem dichten Kolben, am Ende des Blütenstiels zusammenstehen; orange, gelb, scharlachrot, creme.
Standort: Frische, nährstoffreiche und durchlässige Böden; sonnig warm; Winternässe meiden.
Pflege: Blätter im Herbst zusammenbinden und die Horste mit Kompost und Laub abdecken, im Frühjahr zurückschneiden.
Tipps: Sollte im Frühjahr gepflanzt werden.

Sorten: 'Alcazar' – rot, 80 cm; 'Limelight' – hellgelb, 80 cm; 'Royal Standard' – scharlachrot, untere Blüten gelb; 90 cm.

Lavendel
(Lavandula angustifolia)

⬆ 30–50 cm ✻ 6–8 ○

Halbstrauch, der ein guter Partner für Rosen ist und mit duftenden Blüten Urlaubserinnerungen weckt.
Wuchs: Polsterförmig ausladend mit schmalen, graugrünen Blättern.
Blüte: Lippenblüten in lang gestielten Blütenähren, violett, lila, weiß.
Standort: Trocken bis frisch, durchlässig, nicht zu nährstoffreich, aber kalkhaltig; sonnig warm.
Pflege: Wenn man die Büsche unmittelbar nach der Blüte – Anfang August – zurückschneidet, bleiben sie kompakt und dicht.
Tipps: Hübsch für Einfassungen.

Sorten: 'Munstead' – tiefblau, 40 cm, kompakt; 'Hidcote Blue' – violettblau, 40 cm, kompakt, der Klassiker im Sortiment.

Strauchmalve
(Lavatera olbia)

⬆ 180–300 cm ✻ 6–10 ○

Mannshohe Staude, die dennoch locker und nicht aufdringlich wirkt.
Wuchs: Buschig, am Grund verholzend mit fünflappigen, filzigen Blättern.
Blüte: Wie eine Malve, hellrosa bis pink.
Standort: Durchlässige, nährstoffreiche Böden, locker; warm, sonnig bis halbschattig.
Pflege: Im Herbst zurückschneiden, dann mit Laub und Zweigen bedecken.
Tipps: In unseren Breiten nicht ganz winterhart. Mitunter verausgaben sich die Pflanzen aber auch; daher muss man immer wieder ein neues Exemplar setzen.

Sorten: 'Barnsley' – rosaweiß mit dunkler Mitte; 'Burgundy Wine' – violettrot, niederliegend, buschig bis 120 cm; 'Kew Rose' – rosarot, bis 300 cm, robust.

Sommermargerite
(Leucanthemum × superbum)

⬆ 50–90 cm ✻ 6–9 ○

Bei diesen Blüten denkt man an die ersten Sommerwiesen und möchte am liebsten einen Strauß pflücken.
Wuchs: Breite Horste aus Stängeln, die mit lanzettlichen Blättern besetzt sind.
Blüte: Margeritenblüten aus weißen Zungenblüten und einer gelben Mitte, gefüllt, halbgefüllt oder einfach.
Standort: Frische, nährstoffreiche Gartenböden; sonnig.
Pflege: Horste frühzeitig mit Staudenhaltern stützen; Rückschnitt nach der Blüte fördert einen zweiten Flor.
Tipps: Häufig versetzen, um die Pflanzen vital zu halten.

Sorten: 'Christine Hagemann' – großblumig, 70 cm; 'Gruppenstolz' – 50 cm; 'Wirral Supreme'– gefüllt, früh, 70 cm.

Goldfelberich
(Lysimachia punctata)

⬆ 70–90 cm ✻ 6–9 ○–◑

Sommerblüher, der sich ohne Zutun behauptet und ausbreitet. Ideal für Randbereiche.
Wuchs: Dicht horstartig, durch Ausläufer in die Breite wachsend.
Blüte: Goldgelbe Sterne, die in den Blattachseln sitzen, zart duftend.
Standort: Frische bis feuchte, nährstoffreiche Böden, kühl bis warm.
Pflege: Rückschnitt im Herbst, gleichzeitig den Ausbreitungsdrang mit dem Spaten eindämmen.
Tipps: Hübsch für pflegeleichte Teichränder und sonnige Bachläufe.

Blutweiderich
(Lythrum salicaria)

80–140 cm ✻ 7–9 ○–◑

Diese Staude entdeckt man auf frischen, nicht gemähten Sommerwiesen.
Wuchs: Straff aufrechte Horste, Stängel mit schmalen Blättern.
Blüte: Kleine Sterne, die in dichten kerzenförmigen Ähren zusammenstehen, rosarot.
Standort: Frische bis nasse, nährstoffreiche Böden, sonnig bis halbschattig.
Pflege: Unmittelbar nach der Blüte zurückschneiden, sonst machen die Sämlinge unnütz Arbeit.
Tipps: Für das feuchte Teichufer ein hübscher Farbtupfer.

Sorten: 'Stichflamme' – purpurrosa, 140 cm; 'Zigeunerblut' – sattes Rosarot, 120 cm; *L. virgatum* 'Rose Queen' – zartrosa, zierlich, 60 cm.

Federmohn
(Macleaya cordata)

200–300 cm ✻ 7–8 ○–◑

Ein Goliath unter den Gartenstauden.
Wuchs: Horste aus straff aufrechten Stängeln, die mit feigenähnlichen, blaugrauen Blättern belaubt sind.
Blüte: Winzig, in großen Rispen, beigebraun.
Standort: Leichte, warme Böden.
Pflege: Im Herbst zurückschneiden und dem Ausbreitungsdrang mit dem Spaten Einhalt gebieten.
Tipps: Dekorative, aber auch gestalterisch nützliche Staude, mit der man einen Sitzplatz abschirmen und neugierige Blicke von Nachbarn ausblenden kann.

Katzenminze
(Nepeta × faassenii)

⬆ 20–60 cm ❋ 6–10 ○

Der Gärtner liebt die blauen Blüten, die Katzen werden vom Duft angelockt.
Wuchs: Breite Büsche mit grauem Laub, die Triebe liegen leicht nieder, sodass sie wie ein Polster wirken.
Blüte: Kleine blaue Lippenblüten, lockere Quirle.
Standort: Durchlässige, leichte Böden; sonnig warm.
Pflege: Nach der Blüte zurückschneiden, düngen und gießen – ein paar Wochen später blühen die Pflanzen ein zweites Mal.
Tipps: Ideal für Einfassungen und als Bepflanzung für schmale Randstreifen vor warmen Mauern oder rund um den Sitzplatz.

Sorten: 'Six Hills Giant' – lavendelblau, 50-60 cm; 'Snowflakes' – weiß, 20 cm; 'Walkers Low' – blau, großblumig, lange Blütenstände, 60 cm.

Pfingstrose
(Paeonia lactiflora)

⬆ 50–110 cm ❋ 5–6 ○

Ein langlebiger Klassiker im frühsommerlichen Garten. Nicht nur in Bauerngärten ein Hingucker.
Wuchs: Breite Büsche mit sattgrünen, mehrfach gefiederten Teilblättchen.
Blüte: Große Schalen, einfach, halbgefüllt, gefüllt, rosa, weiß und verschiedene Rottöne.
Standort: Frische, nährstoffreiche Böden, leicht lehmhaltig; warm, sonnig.
Pflege: Anspruchslos, im Herbst mit Kompost abdecken.
Tipps: Möglichst im Herbst pflanzen. Nach zwei bis drei Jahren entwickelt sie ihre volle Pracht.

Sorten: 'Avalanche' – weiß, gefüllt, duftend, 90 cm; 'Bowl of Beauty' – rosa, einfach, 80 cm; 'Dürer'– weiß, einfach, früh blühend, 80 cm; 'Sarah Bernhardt' – rosa, gefüllt, 100 cm.

Islandmohn
(Papaver nudicaule)

⬆ 20–60 cm ✻ 5–8 ○

Nicht sehr langlebig, aber wirkt natürlich und leicht.
Wuchs: Niedrige Büschel aus blaugrünen, länglichen, gebuchteten Blättern mit leichter Behaarung.
Blüte: Große Schalen an drahtigen, dunkel behaarten Stängeln, leuchtend gelb, orange, rot und zarte Pastelltöne.
Standort: Durchlässige, magere Böden; sonnig.
Pflege: Vor Schnecken schützen.
Tipps: Fördern Sie die Selbstaussaat, damit die Pflanze nicht aus den Beeten verschwindet. Hübsch in Töpfen auf der Terrasse.

Sorten: 'Gartenzwerg' – niedrige Mischung; 'Illumination' – vorwiegend Pastelltöne, 40 cm; 'Wonderland' – bunt, wintergrün, 20–25 cm

Flammenblume
(Phlox paniculata)

⬆ 50–150 cm ✻ 6–9 ○

Die großen, duftenden Blütenkuppeln wirken im Hochsommer eindrucksvoll.
Wuchs: Aufrechte Horste, in der unteren Hälfte dichtes, grasgrünes Laub.
Blüte: Blütenteller mit langer Röhre in dichten Doldentrauben, die von unten nach oben aufblühen, rosa, weiß, himbeerrot, lachsrosa, violett, auch zweifarbig.
Standort: Frische, durchlässige, nährstoffreiche Böden; sonnig, aber kühl.
Pflege: Im Herbst reifen Kompost auf die zurückgeschnittenen Horste geben. Frühzeitig aufbinden.
Tipps: Droht Mehltau, einige Stiele aus der Mitte herausschneiden, damit die Blätter rasch abtrocknen.

Sorten: 'Aida' – violettrot, 90 cm; 'Landhochzeit' – rosa mit rotem Auge, 140 cm; 'Gnom' – rosa; 50 cm; 'Orange' – kräftig orange, 140 cm; 'Pax' – reinweiß, 90 cm.

Etagenprimel
(Primula × bullesiana)

⬆40–60 cm ✻ 6–8 ◑–●

Eine nicht ganz alltägliche Primel für Bachläufe und feuchte Teichränder.

Wuchs: Grundständige Rosetten aus länglichen, frisch grünen Blättern.

Blüte: In Quirlen etagig übereinander stehend an kräftigen Stielen, rosa, rot, orange, gelb, vioeltt, weiß.

Standort: Humose, frische bis feuchte Böden, halbschattig bis schattig.

Pflege: Im Herbst mit Laub und Kompost abdecken.

Tipps: Werden die Pflanzen blühfaul, müssen sie geteilt werden.

Sonnenhut
(Rudbeckia fulgida)

⬆50–80 cm ✻ 7–10 ○

Eine Gute-Laune-Staude, die unübertroffen robust und pflegeleicht ist.

Wuchs: Breite Horste mit dunkelgrünen, rauen Blättern.

Blüte: Goldgelbe Strahlenblüten um eine schwarzbraune, knopfartige Blütenmitte.

Standort: Frische, nährstoffreiche Böden; sonnig.

Pflege: Im Frühling die Horste zurückschneiden und die Pflanzen mit reifem Kompost verwöhnen.

Tipps: Die Fruchtstände wirken auch im Winter noch sehr dekorativ in den Beeten.

Sorten: 'Goldsturm' – intensiv gelb, reichblühend, 60 cm, die beste Sorte.

Sommersalbei
(Salvia nemorosa)

⬆ 40–80 cm ✻ 6–10 ○

Ein toller Ersatz für alle, die mit Lavendel kein Glück haben – und eine Bereicherung für Lavendelfans.

Wuchs: Aufrechte Horste mit länglichen, stumpf grünen Blättern.

Blüte: Lippenblüten in dichten Quirlen, violettblau in verschiedensten Variationen.

Standort: Mäßig trockene bis frische Böden, durchlässig, nährstoffreich, kalkliebend; sonnig, warm.

Pflege: Nach der ersten Blüte bodennah zurückschneiden, der zweite Flor wächst unverzüglich heran.

Tipps: Wirkt besonders gut, wenn es in größeren Flächen gepflanzt wird; gute Alternative für Katzenliebhaber, die zwangläufig auf Katzenminze verzichten.

Sorten: 'Blauhügel' – mittelblau; 'Mainacht' – violettblau, schon im Mai blühend; 'Ostfriesland' – reichblühender Klassiker in Violettblau.

Quirlblütiger Salbei
(Salvia verticillata)

⬆ 40–60 cm ✻ 6–9 ○

Ähnlich unermüdlich wie der Sommersalbei, aber nicht ganz so steif wirkend.

Wuchs: Horste aus nicht ganz standfesten Stielen, die dicht mit grauen, weich behaarten Blättern besetzt sind.

Blüte: Violette Lippenblüten in lockeren Quirlen.

Standort: Kalkhaltige, durchlässige Böden in voller Sonne.

Pflege: Abgeblühtes ausputzen, dann bilden sich unermüdlich neue Blütenähren.

Tipps: Sät sich reichlich aus und füllt so Lücken im Beet.

Sorten: 'Purple Rain' – wichtigste Auslese, mit dunkelvioletten Blüten.

Heiligenkraut
(Santolina chamaecyparissus)

30–50 cm 7–8 ○

Halbstrauch mit mediterranem Charakter.
Wuchs: Kompakte Büsche mit feinfiedrigen, silbergrauen Blättchen, immergrün.
Blüte: Kugelige Köpfchen in Goldgelb.
Standort: Trockene bis mäßig trockene, durchlässige Böden; warm, sonnig, keine Staunässe, keine winternassen Plätze.
Pflege: Unmittelbar nach der Blüte kräftig zurückschneiden, damit die Büsche kompakt bleiben.
Tipps: Gut für Einfassungen, verträgt auch nährstoffarme Böden.

Blumensedum
(Sedum telephium)

40–60 cm 8–10 ○

Ein rosaroter Höhepunkt für den Herbst.
Wuchs: Breite Horste aus fleischigen Stängeln und graugrünen Blättern.
Blüte: Winzige Sterne, die in flachen, dichten Dolden stehen, rosa, rostrot, weiß.
Standort: Durchlässige Böden, sonnig.
Pflege: Im Frühling zurückschneiden, gelegentlich die Horste teilen, damit sie nicht zu stark auseinander fallen.
Tipps: Die treibenden Horste bilden Halbkugeln, die sehr dekorativ wirken.

Sorten: 'Herbstfreude' – kupferrot; *S. spectabile* 'Carmen' – etwas kleiner als *S. telephium*, hellrosa Blüten, früher.

Goldrute
(Solidago-Hybriden)

⬆ 50–80 cm ✻ 7–9 ○

Die Hybriden sind wunderschöne Auslesen der an Bahndämmen und auf Industriebrachen verwilderten Blütenstaude.
Wuchs: Aufrechte Horste mit lanzettlichem Laub.
Blüte: Kleine, in endständigen, zum Teil überhängenden Rispen, gelb.
Standort: Lockere, nährstoffreiche Böden.
Pflege: Nach der Blüte zurückschneiden, da sich die Pflanzen leicht versamen.
Tipps: Passt gut zu Gräsern.

Sorten: 'Golden Thumb' – goldgelb, nur 20 cm; 'Ledsham' – hellgelb, 80 cm; 'Spätgold' – gelb, spätblühend, 60 cm; 'Strahlenkrone' – goldgelb, flache Rispen, 60 cm.

Trollblume
(Trollius europaeus)

⬆ 40–70 cm ✻ 4–6 ○–◑

Frühsommerblüher für feuchte Plätze.
Wuchs: Dichte Horste mit handförmig zerteilten Blättern.
Blüte: Kugelförmig an langen, steifen Stielen, verschiedene Gelbtöne.
Standort: Frische bis nasse, nährstoffreiche Böden, lehmig-humos; auf nassen Böden sonnig, auf feuchten besser halbschattig.
Pflege: Nach der Blüte zurückschneiden; bei Trockenheit gießen.
Tipps: Vor allem für Teichränder und Bachläufe geeignet. An Miniteichen darauf achten, dass der Boden feucht genug ist.

Sorten: 'Earliest of All' – blüht sicher im April gelb, 60 cm; 'Goldquelle' – gelborange, halbkugelig, spätblühend, 60 cm; 'Orange Globe' – orange, 80 cm hoch.

Silberährengras
(Achnatherum calamagrostis)

⬆ 30/80 cm ✻ 7–9 ○

Ein Hingucker für das Blumenbeet mit einem Höhepunkt im Spätsommer.
Wuchs: Steif aufrechte Horste.
Blätter: Schmal, gebogen überhängend, blaugrün, wintergrün.
Blüte: Wie ein kleiner Schweif, beigebraun.
Standort: Durchlässige, trockene Böden; sonnig, warm.
Pflege: Im Frühjahr zurückschneiden.
Tipps: Die Blütenrispen lockern Blumensträuße auf.

Sorten: 'Allgäu' – 50/80 cm, standfest; 'Lemperg' – 30/70 cm, kompakter Wuchs.

Japansegge
(Carex morrowii 'Variegata')

⬆ 30/40 cm ✻ 6–7 ◑–●

Eine schlichte immergrüne Gras-Schönheit.
Wuchs: Breite, flache Horste.
Blätter: Breit linealisch, fest, leicht überhängend, dunkelgrün mit cremefarbenem Rand, immergrün.
Blüte: Kleine Ähren, gelbbraun.
Standort: Frisch bis feucht, lehmig, humos; mäßig warm bis kühl im lichten Schatten.
Pflege: Bei Trockenheit gießen.
Tipps: Werden die Horste breit und wirken zerzaust, können sie im zeitigen Frühjahr zurückgeschnitten beziehungsweise geteilt werden.

Atlasschwingel
(Festuca mairei)

⬆60/120 cm ❋ 6–7 ○

Frühblühende, dekorative Gräserhorste.
Wuchs: Horste mit überhängenden Blättern.
Blätter: Schmal lineal, steif, scharf gesägte Ränder, graugrün.
Blüte: Wenig verzweigte Rispen, über den Blättern, hellbraun.
Standort: Mäßig trockene bis frische, durchlässige Böden, auch steinig; sonnig, warm.
Pflege: Im Frühling zurückschneiden.
Tipps: Wirkt hübsch als Solitär an Beetecken.

Chinaschilf
(Miscanthus chinensis)

⬆120–260/150–300 cm ❋ 8–10 ○

Stattliches Gras mit vielen Sorten, das auch als Solitär eine gute Figur abgibt. Guter Sichtschutz.
Wuchs: Große Horste.
Blätter: Wie Bänder, die sich langsam zuspitzen, dunkelgrün mit silbrigen Kanten.
Blüte: Endständige Rispen, silbrig, cremeweiß oder hellbraun.
Standort: Frische bis feuchte, nährstoffreiche Böden; sonnig, warm.
Pflege: Im Frühjahr zurückschneiden; düngen.
Tipps: Einige Sorten kommen in unserem Klima nicht zur Blüte.

Sorten: 'Gracillimus' – sehr schmale Blätter, ohne Blüte, wintergrün; 'Kleine Fontäne' – rotbraun, reich blühend, 120 cm; 'Silberfeder' – silbrig, 230 cm; 'Zebrinus' – gelb geflecktes Laub.

Pfeifengras
(Molinia caerulea)

⬆ 50–60/180–200 cm ✻ 7–9 ○–◑

Malerisches Gras für Blumenbeete mit auffälliger Herbstfärbung.
Wuchs: Aufrechte Horste.
Blätter: Schmal linealisch, grün.
Blüte: Fein zerteilte Rispen an hohen straffen Stielen, hellbraun, im Herbst goldgelb.
Standort: Trockene bis frische Böden; sonnig bis halbschattig.
Pflege: Im Frühjahr zurückschneiden; düngen; bei Trockenheit gießen.
Tipps: Guter Begleiter zu Herbstastern.

Sorten: 'Transparent' – graziler Wuchs, 50/200 cm; 'Windspiel' – auffällig straffer Wuchs, 60/180 cm.

Federborstengras
(Pennisetum alopecuroides)

⬆ 30/60–80 cm ✻ 8–9 ○

Ein bezauberndes Gras mit dekorativen Fruchtständen, die bis in den Winter hinein schmücken.
Wuchs: Schopfartige Horste.
Blätter: Schmal linealisch, überhängend, grasgrün.
Blüte: Lang begrannte Einzelblüten in flaschenbürstenartigen Ähren, hell- bis rotbraun, Stiele zum Teil leicht übergeneigt.
Standort: Mäßig trockene bis feuchte Böden, nicht sandig oder extrem trocken; sonnig, warm.
Pflege: Im zeitigen Frühjahr zurückschneiden, anschließend düngen.
Tipps: Die Blüten und Blätter haben eine auffällige silberbraune beziehungsweise goldgelbe Herbstfärbung.

Sorten: 'Hameln' – 30/60, niedrig, kompakt, reich blühend.

Sichelfarn
(Cyrtomium falcatum,
Syn.: Polystichum falcatum)

⬆ 60–90 cm ◑–●

Ein kleines Winterwunder für den Schatten.
Wuchs: Horste mit trichterförmig angeordneten Wedeln.
Blätter: Einfach gefiedert, breit eiförmig zugespitzt, glänzend grün, ledrig, wintergrün.
Standort: Frische, vorzugsweise feuchte, humose Böden; geschützt, lichter Schatten.
Pflege: Anspruchslos; schützende Laubdecke bei anhaltenden Kahlfrösten.
Tipps: Erstaunlich unkomplizierter und zugleich dekorativer Farn.

Gewöhnlicher Wurmfarn
(Dryopteris filix-mas)

⬆ 60–120 cm ◑–●

Heimischer Waldfarn – für Einsteiger ideal.
Wuchs: Büsche aus trichterförmig zueinander stehenden Wedeln.
Blätter: Breit, einfach gefiedert, derb, dicht mit Spreuschuppen besetzt, flaschengrün, helle Unterseite.
Standort: Frische bis feuchte, humose Böden; halbschattig bis schattig; hohe Luftfeuchtigkeit.
Pflege: Bei Trockenheit gießen; Horste vor dem Austrieb im Frühjahr ausputzen.
Tipps: Bereichert die Vielfalt der Strukturen in Schattenpflanzungen.

Trichterfarn
(Matteuccia struthiopteris)

⬆80–120 cm ◑–●

Stattlicher Farn mit einem wunderschönen Austrieb.
Wuchs: Trichterförmige, unterirdische Ausläufer.
Blätter: Doppelt gefiedert, frischgrün; in der Mitte der Trichter kurze olivgrüne bis schwarzbraune Sporenwedel.
Standort: Frische bis feuchte, tiefgründige, humose Böden; halbschattig bis schattig, am Teichrand auch sonnig.
Pflege: Ausläufer abstechen und entfernen.
Tipps: Kleiden Sie das Pflanzloch mit einem großen Plastikeimer ohne Boden aus, um den Ausbreitungsdrang bequem einzudämmen.

Weicher Schildfarn
(Polystichum setiferum)

⬆40–80 cm ◑–●

Feingliedriger Farn mit vielen verschiedenen Sorten.
Wuchs: Breite Horste.
Blätter: Doppelt gefiedert, fein zerteilt mit dicht überlappenden Fiedern, weich, stumpf grün, wintergrün.
Standort: Humose, frische bis feuchte, nährstoffreiche Böden; kühl, luftfeucht, im Schatten.
Pflege: Bei trockener Witterung überbrausen; Herbstlaub auf den Pflanzen liegen lassen; im Frühjahr die Horste ausputzen.
Tipps: In rauen Lagen nicht ganz winterhart.

Sorten: 'Dahlem' – breite, frisch grüne Wedel; 'Herrenhausen' – zwei- bis dreifach gefiedert, dunkelgrün, flache Horste; 'Proliferum' – sehr filigran; 'Plumosum Densum' – weich, moosartig.

Stachelnüsschen
(Acaena buchananii)

⬆ 5–10 cm ✻ 7–8 ○

Dichte Teppiche mit rötlichem Schimmer und dekorativen Fruchtständen.
Wuchs: Ausgedehnte Polster.
Blätter: Rundlich, gezähnt, unpaarig gefiedert, klein, silbriges Blaugrau, wintergrün.
Blüte: Unscheinbar, später stachelige Früchte mit rötlichem Schimmer.
Standort: Sommertrockene, durchlässige Böden; sonnig, heiß.
Pflege: Anspruchslos.
Tipps: Nicht zu stark düngen, damit die Polster kompakt bleiben.

Günsel
(Ajuga reptans)

⬆ 15–20 cm ✻ 5–6 ○–◑

Heimische Wildstaude mit sehr dekorativen Sorten.
Wuchs: Dichter Teppich durch lang wachsende Absenker.
Blätter: Spatelförmig, in Rosetten, braungrün, leicht glänzend.
Blüte: Dichte, aufrechte Scheinähren, die sich aus der Mitte der Rosette strecken, weiß, lila.
Standort: Frische, humose, nährstoffreiche Böden; halbschattig, kühl; auf feuchten Böden auch sonnig.
Pflege: Regelmäßig düngen; pflegeleicht.
Tipps: Hübsch in Kästen und Töpfen zusammen mit kleinblumigen Narzissen.

Sorten: 'Atropurpurea' – rotbraunes Laub; 'Burgundy Glow' – weißbuntes Laub mit rosa Hauch; 'Riesmöwe' – weiße Blüten, grünes Laub.

Teppich-Astilbe
(Astilbe chinensis var. pumila)

⬆ 20–35 cm ✻ 8–9 ○–◑

Anpassungsfähiger, dicht wachsender, aber nicht wuchernder Spätsommerblüher.
Wuchs: Flache Teppiche mit Ausläufern und kriechendem Wurzelstock.
Blätter: Geschlitzt, gefiedert, matt dunkelgrün.
Blüte: Schmale, dichte Rispen auf straffen Stielen, lilarosa.
Standort: Frische, humose Böden; halbschattig; sonnig auf feuchten Böden.
Pflege: Im Herbst mit reifer Komposterde überstreuen.
Tipps: Blütenstände bis zum Frühjahr stehen lassen, zeigt eine hübsche Winterstruktur.

Elfenblume
(Epimedium × versicolor)

⬆ 30–50 cm ✻ 4–5 ◑–●

Wintergrüner Bodendecker mit lockeren Strukturen.
Wuchs: Polsterförmig ausbreitend mit kriechenden Wurzelstöcken, wächst langsam.
Blätter: Eiförmig spitz, 3- bis 5-teilig, an drahtigen Stielen, wintergrün, grün, rötlich oder braun überhaucht.
Blüte: Glockig hängend, gespornt, mehrere an drahtigen Stängeln über dem Laub, schwefelgelb.
Standort: Lockere, sandig-humose Böden; schattig, kühl, luftfeucht.
Pflege: Im Herbst reife Komposterde über die Pflanzen streuen; im Frühling zurückschneiden.
Tipps: Hübsch unter Gehölzen, zum Beispiel auf Baumscheiben.

Sorten: *E. pinnatum* subsp. *colchicum* – wüchsiger Bodendecker, immergrün in milden Wintern.

Felsen-Storchschnabel
(Geranium macrorhizum)

⬆ 20–30 cm ❋ 5–7 ○–◑

Ein langlebiger Teppich mit aromatisch duftenden Blättern, die Nachbars Hund von manchem Geschäft im Vorgarten abhält.

Wuchs: Kriechende Rhizome, dichte Decken.

Blätter: Handförmig zerteilt, frischgrün, an Stielen, rötliche Herbstfärbung.

Blüte: Tellerförmig, mehrere am Ende eines Stieles über dem Laub, in Pink, Hellrosa, Weiß.

Standort: Mäßig trocken bis frisch; sonnig bis halbschattig, warm.

Pflege: Anspruchslos.

Tipps: Nicht zu dichte Pflanzabstände wählen, Sorten mischen.

Sorten: 'Spessart' – weiß mit rosa; 'Ingwersen' – blassrosa, reich blühend; 'Czakor' – pink, horstartiger Wuchs.

Pfennigkraut
(Lysimachia nummularia)

⬆ 5–10 cm ❋ 5–7 ○–◑

Lange Triebe verflechten sich zu einem sehr flachen, dichten Teppich.

Wuchs: Flächig, Ausläufer treibend.

Blätter: Rund wie ein Pfennig, frischgrün.

Blüte: Sternförmig, gelb.

Standort: Frische und feuchte Böden; halbschattig bis sonnig; für Uferbereiche.

Pflege: Anspruchslos.

Tipps: Unverwüstlich – hält auch große Flächen unkrautfrei.

Gedenkemein
(Omphalodes verna)

⬆ 15–20 cm ✻ 3–5 ◑

Die Verwandtschaft mit dem Vergissmeinnicht erkennt man an den blauen Blüten.

Wuchs: Teppichartig mit sehr wüchsigen Ausläufern, wuchernd.

Blätter: Herzförmig länglich, frischgrün.

Blüte: Lockere Trauben mit himmelblauen Vergissmeinnicht-Blüten, weiße Mitte.

Standort: Frische, humose Böden; lichter Gehölzrand, halbschattig.

Pflege: Im Winter reife Komposterde auf der gesamten Fläche verteilen; Ränder mit dem Spaten abstechen.

Tipps: Bedrängt schwachwüchsige Nachbarn.

Sorten: 'Album' – weiß blühend.

Dickmännchen
(Pachysandra terminalis)

⬆ 20–25 cm ✻ 4–5 ◑–●

Robuster und anspruchsloser Bodendecker, mit dem man fast nichts falsch machen kann.

Wuchs: Halbstrauch mit aufrechten Trieben, Ausläufer treibend.

Blätter: Rhombisch, schmal, grob gezähnt, am Stielende in Rosetten, lederartig, dunkelgrün, immergrün.

Blüte: Unscheinbar, weißgrün, endständige Trauben.

Standort: Nicht trocken, nicht zu kalkhaltig; halbschattig bis schattig.

Pflege: Ab und zu im Winter mit reifem Kompost oder Humus bestreuen.

Tipps: Kann mit dem Rasentrimmer zurückgeschnitten werden, um den Neuaustrieb anzuregen.

Lungenkraut
(Pulmonaria angustifolia)

⬆ 20–30 cm ✻ 3–5 ◑–●

Wildstaude und Frühlingsblüher für alle, die es naturnah und romantisch mögen.

Wuchs: Kriechende, dichte Teppiche.

Blätter: Lanzettlich bis schmal eiförmig, rau behaart, dunkelgrün.

Blüte: Trichterförmig, in endständigen Trauben, blau, im Aufblühen und Verblühen rötliches Blau.

Standort: Frische bis feuchte, lockere, humose Böden; kühl, schattig.

Pflege: Anspruchslos.

Tipps: Kann leicht geteilt werden.

Sorten: *P. saccharata* (Spanisches Lungenkraut): ähnlich, aber weiß geflecktes Laub, verschiedene Sorten, z.B. 'Sissinghurst White' – weiß blühend; 'Mrs. Moon' – rot blühend

Teppich-Sedum
(Sedum floriferum)

⬆ 10–15 cm ✻ 7–9 ○

Für sorgenlosen Gartengenuss in der prallen Sonne.

Wuchs: Flache Polster oder Teppiche.

Blätter: Lanzettlich, fleischig dick, grün, im Herbst purpurrot.

Blüte: Sternförmig in flachen, doldenähnlichen Trauben, leuchtend gelb.

Standort: Frische, durchlässige Böden; sonnig, warm.

Pflege: Anspruchslos.

Tipps: Damit große Flächen nicht zu langweilig wirken, kann man Schnittlauch dazwischen pflanzen.

Sorten: 'Weihenstephaner Gold' – bekannteste Sorte, reichblühend, schöne Herbstfärbung.

Wollziest
(Stachys byzantina)

⬆ 10–30 cm ✻ 7–8 ○

Ein Bodendecker mit flauschigen, silbrigen Blättern.
Wuchs: Dichte Teppiche, Ausläufer treibend.
Blätter: Eiförmig breit, dicht behaart, silbrig grün.
Blüte: Lippenförmig, in graufilzigen Blütenkerzen über dem Laub, unscheinbar hellrosa.
Standort: Trocken bis frisch, durchlässig, nährstoffarm; vollsonig warm, auch heiß.
Pflege: Verblühtes abschneiden; seitlich mit dem Spaten den Wuchs begrenzen.
Tipps: Bei anhaltendem Regen werden die Blätter faulig, ein Rückschnitt und der anschließende Neuaustrieb verhelfen zu einem perfekten Bild.

Sorten: 'Cotton Ball' – hellrosa Blüten; 'Silver Carpet' – fast keine Blüten.

Polsterthymian
(Thymus serpyllum)

⬆ 5–10 cm ✻ 6–7 ○

Eine Steingartenpflanze, die nicht nur Bodendecker ist, sondern auch Mauern wie Fugen schmückt und den Rasen ersetzt.
Wuchs: Teppichartig, kriechende, lange Triebe.
Blätter: Elliptisch, klein, ledrig, duftend.
Blüte: Lippenblüten in dichten Quirlen, rosa.
Standort: Durchlässige, trockene, sandige Böden, mäßig nährstoffreich; vollsonnig warm.
Pflege: Keine winternassen Standorte.
Tipps: Lassen Sie die verschiedenen Sorten flächig ineinander wachsen.

Sorten: 'Albus' – hellgrün, weiße Blüten; 'Coccineus' – dunkelgrün, rosarote Blüten, 'Splendens' – leuchtend rosa Blüten.

Immergrün
(Vinca major)

⬆ 20–30 cm ✻ 4–5 ○–●

Pflegeleicht und selbst im tiefen Schatten zuverlässig.
Wuchs: Flache Teppiche aus langen Trieben, die einwurzeln.
Blätter: Lanzettlich bis schmal eiförmig, glänzend dunkelgrün, lederartig, immergrün.
Blüte: Sternförmig auf kurzen Trieben, in Blau, Violett, Weiß.
Standort: Lockere, mäßig trockene bis feuchte Böden; schattig, kühl.
Pflege: Bei anhaltender Trockenheit wässern; gelegentlich düngen.
Tipps: Herbstlaub kann auf den Pflanzen liegen bleiben.

Sorten: 'Bowles' – dunkel violett; 'Gertrude Jeckyll' – weiß, blütenreich; 'Rubra' – purpur.

Waldsteinie
(Waldsteinia ternata)

⬆ 15–20 cm ✻ 4–5 ◐–●

Die gelben Blüten erinnern ein bisschen an Erdbeeren, daher werden sie auch Golderdbeeren genannt.
Wuchs: Teppichartig, bildet Absenker.
Blätter: Rundlich, dreilappig, glänzend grün, wintergrün.
Blüte: Schalenförmig, goldgelb, verzweigte Stiele.
Standort: Feuchte bis mäßig trockene Böden; halbschattig bis schattig.
Pflege: Im Herbst heruntergefallenes Laub liegen lassen und mit reifem Kompost überstreuen.
Tipps: Hübsch auf Baumscheiben zusammen mit Traubenhyazinthen.

Ringelblume
(Calendula officinalis)

⬆ 30–70 cm ✻ 6–11 ○–◑

Diese Pflanze ist kaum zu übertreffen: robust, pflegeleicht, sät sich selbst aus, blüht lange und hat eine heilende Wirkung.

Wuchs: Verzweigt buschig mit länglich ovalen, frisch grünen Blättern.

Blüte: Gestielte Körbchenblüten, häufig gefüllt, orange, gelb.

Standort: Frische, nährstoffreiche, lockere Böden; sonnig bis halbschattig.

Pflege: Verblühtes ausputzen.

Tipps: Lassen Sie immer einige Fruchtstände ausreifen und sammeln sie die Samen für das nächste Jahr.

Sorten: 'Geisha Girl' – orange, gefüllt, hoch; 'Honey Babe' – gelb, apricot, orange, niedrig; 'Pacific Beauty'-Serie – gefüllt, verschiedene Farben, z.T. zweifarbig, hoch.

Kosmee, Schmuckkörbchen
(Cosmos bipinnatus)

⬆ 50–110 cm ✻ 6–10 ○

Trotz großer Blüten verbreiten Kosmeen Leichtigkeit im Blumenbeet.

Wuchs: Aufrecht, breitbuschig mit nadelartigen, frisch grünen Blättern.

Blüte: Große Schalen in weiß, rosa, karminrot mit einer goldgelben Mitte.

Standort: Lockerer, nährstoffreicher Gartenboden in der Sonne.

Pflege: Wasser- und Nährstoffversorgung sichern.

Tipps: Die Blüten eignen sich als haltbare Schnittblumen für Sommersträuße. Zugleich regt die Ernte von Blütenstielen die Neubildung von Knospen an.

Goldmohn
(Eschscholzia californica)

⬆ 20–25 cm ✻ 7–9 ○

Der sonnige Blüher ist die kalifornische Nationalblume.
Wuchs: Niedrige Horste aus breit verzweigten, mitunter nieder liegenden Trieben aus fein zerteiltem, blaugrünem Laub.
Blüte: Zarte Becher an geraden Stielen, erinnern an Klatschmohn, orange, gelb.
Standort: Durchlässige, lockere Böden mit gutem Nährstoffangebot; sonnig, warm.
Pflege: Anspruchslos; Fruchtstände unbedingt entfernen.
Tipps: Die Blüten öffnen sich nur in der Sonne, an bedeckten Tagen bleiben sie geschlossen; Sämlinge sollten geschützt vorgezogen werden.

Sorten: 'Inferno' – leuchtend orange, buschiger Wuchs.

Sonnenblume
(Helianthus annuus)

⬆ 40–300 cm ✻ 7–10 ○

Der Inbegriff der Sommerblumen, mit einem breit gefächerten Sortenspektrum.
Wuchs: Aufrechte, auch verzweigte Stängel mit rauen, herzförmigen Blättern, unterschiedliche Höhe.
Blüte: Gelbe Strahlenblüten um eine braune Mitte, auch gefüllte und halb gefüllte Sorten, zum Teil hellgelb, braunrot, endständig.
Standort: Frische, nährstoffreiche Böden, sonnig, warm.
Pflege: Standschwache Exemplare mit Bambusstab stützen.
Tipps: Sonnenblumen verbessern mit ihren feinen Wurzeln die Struktur des Bodens.

Sorten: 'Holiday' – großblumig, gelb, verzweigt, 120 cm; 'Musicbox' – verschiedene Gelb- und Rottöne, zweifarbig, verzweigt, 80 cm, 'Pacino' – Zwergform, mehrere Blüten, 30 cm.

Prunkwinde
(Ipomoea purpurea)

⬆ 200–400 cm ✻ 7–10 ○

Wüchsige Kletterpflanze, die Wände fix begrünt und sie mit blauen Blüten schmückt.
Wuchs: Schlingende Triebe, die mit herzförmigen Blättern besetzt sind.
Blüte: Trichterförmig, leuchtend blau, weiß und rosarot mit weißer Mitte, bis zu 10 cm Durchmesser.
Standort: Kalkhaltige Gartenböden; sonnig, geschützt.
Pflege: Bei Hitze wässern.
Tipps: Stickstoffbetonte Dünger fördern das Laub, verhindern aber eine reiche Blütenbildung; die Pflanzen brauchen Spanndrähte oder Spaliere, an denen sie Halt finden; Ideal für Sichtschutzwände.

Sorten: 'Milky Way' – weiß mit violetten Streifen, 120–180 cm; 'Star of Yelta' – große, leuchtend blaue Blüten, 180 cm.

Vergissmeinnicht
(Myosotis sylvatica)

⬆ 10–35 cm ✻ 4–6 ○–◑

Zweijähriger Frühlingsblüher.
Wuchs: Breitbuschig mit breit lanzettlichen, rauen Blättern.
Blüte: Himmelblaue, auch rosa oder weiße Blütchen mit weißem Auge in endständigen Trauben.
Standort: Frische, leicht feuchte Böden; sonnig bis halbschattig, gerne kühl.
Pflege: Leichter Winterschutz der Blattbüschel.
Tipps: Sät sich gerne selber aus und hält sich so über viele Jahre im Garten; um das zu verhindern, entfernt man abgeblühte Triebe.

Sorten: 'Amethyst' – kräftig blau, 15 cm; 'Indigo Compacta' – intensiv blau, 30 cm; 'Pink Princess' – rosa, 35 cm; 'Schneekönigin' – weiß, 40 cm.

Sonnenhut
(Rudbeckia hirta)

↑ 40–80 cm ✻ 7–10 ○

Genauso problemlos wie die mehrjährige Schwester.
Wuchs: Aufrechte Horste mit schmal eiförmigen, rauen Blättern.
Blüte: Gelbe Zungenblüten um die schwarzbraune Mitte an straffen Stielen.
Standort: Mäßig trockene bis frische, nährstoffreiche Böden, sonnig, warm.
Pflege: Düngen und gießen; sonst pflegeleicht.
Tipps: Eine sehr genügsame und dekorative Topfpflanze.

Sorten: 'Goldilocks' – goldgelb, halb gefüllt, 60 cm; 'Marmelade' – große, orangegelbe Blüten, 60 cm.

Studentenblume
(Tagetes erecta)

↑ 30–120 cm ✻ 6–10 ○–◑

Blühfreudig, unempfindlich, wüchsig – was will man mehr.
Wuchs: Kräftige Horste mit tief eingeschnittenen, dunkelgrünen Blättern.
Blüte: Große, meist ballförmig gefüllte Blütenköpfe, auch halb gefüllt und einfach, gelb, orange.
Standort: Gute, nährstoffreiche Gartenböden, nicht zu schwer; sonnig, warm.
Pflege: Leider muss man sie vor Schnecken schützen.
Tipps: Die Pflanzen sind hilfreich bei der Bekämpfung von Fadenwürmern im Boden; dazu großflächig z.B. zwischen Sommerphlox pflanzen.

Mutterkraut
(Tanacetum parthenium)

⬆ 20–70 cm ✻ 6–9 ○–◑

Toller Lückenfüller in Rosen- und Staudenbeeten.
Wuchs: Lockere Büsche, nicht sehr standfest, aber meist reich verzweigt, mit gefiederten, grünen Blättern.
Blüte: Erinnert an kleine Margeriten, weiß mit gelber Mitte, gefüllte Sorten reinweiß.
Standort: Nährstoffreiche, lockere Gartenböden, kalkliebend.
Pflege: Gute Wasser- und Nährstoffversorgung; wirken die Pflanzen unordentlich, kann man sie einmal bis ins untere Drittel zurückschneiden, damit sie frisch austreiben.
Tipps: Mitunter sind die Pflanzen mehrjährig.

Sorten: 'Aureum' – Sorte mit limonengelbem Laub, das Frische in die Beete bringt, Blüten weiß.

Mexikanische Sonnenblume
(Tithonia rotundifolia)

⬆ 40–180 cm ✻ 7–10 ○

Diese Pflanze entwickelt sich innerhalb von wenigen Wochen zu einem stattlichen Eyecatcher.
Wuchs: Buschige, aufrechte Horste mit herzförmigen, rauen Blättern.
Blüte: Margeritenblüten in Orangerot mit gelber Mitte, groß, endständig.
Standort: Nährstoffreiche Böden, verträgt Trockenheit, warme, sonnige Plätze.
Pflege: Gegebenenfalls aufbinden.
Tipps: In Kübeln schmücken die Pflanzen sehr dekorativ sonnige Terrassen.

Sorten: 'Fackel' – orangerot, feines Laub, 100–150 cm; 'Fiesta del Sol' – orange, 40 cm; 'Yellow' – gelb, 120 cm.

Kapuzinerkresse
(Tropaeolum majus)

20–300 cm 6–10

Diese Sommerblume erobert zügig große Flächen.
Wuchs: Horstig, kriechend oder kletternd, je nach Sorte, Triebe sind mit großen runden Blättern besetzt, die blaugrün bis violettgrün sind.
Blüte: Trichterförmig mit langem Sporn in verschiedenen Rot-, Orange- und Gelbtönen, selten gefüllt.
Standort: Frische bis feuchte, nährstoffreiche, humose Böden.
Pflege: Gute Nährstoffversorgung.
Tipps: Zu üppige Stickstoffgaben fördern das Wachstum, hemmen zugleich die Blütenbildung. Deshalb immer auf ausreichend Phosphor- und Kalianteile im Dünger achten.

Sorten: 'Apricot' – apricot, rankend; 'Milkmaid' – creme, 30 cm; 'Empress of India' – dunkelrote Blüten, dunkles Laub, 20 cm; 'Jewel of Empress' – gemischte Farben, panaschiertes Laub, 240 cm.

Schleier-Eisenkraut
(Verbena bonariensis)

90–120 cm 7–10

Eine wunderschöne Ergänzung zu Sommerstauden. Für ein wirkungsvolles Solo sät man die Pflanzen dicht in große Kübel oder Körbe.
Wuchs: Aufrecht hoch, aber sehr sparrig verzweigt mit kleinen, länglichen Blättern in der unteren Hälfte.
Blüte: Sehr kleine Röhrenblüten in kleinen schirmartigen Dolden.
Standort: Trockene, durchlässige, nährstoffreiche Böden, sonnig, warm.
Pflege: Anspruchslos.
Tipps: Sät sich in der Regel selbst aus, sonst immer ein paar Samenkörner in die Beete streuen, damit der hübsche Schleier entsteht.

Riesen-Lauch
(Allium giganteum)

⬆ 120–150 cm ✻ 6–7 ○

Ein echter Hingucker für den Sommeranfang.
Wuchs: Zwischen den nichtssagenden, überhängenden Blättern erscheint der kräftige Blütenstiel.
Blüte: Kugelrunde Blütendolden mit unzähligen Blüten in Violett bis Rosa, Durchmesser bis 20 cm.
Standort: Kalkhaltige, durchlässige Böden in der vollen Sonne.
Pflege: Stängel frühzeitig stäben, dann hat man noch etwas vom Fruchtstand; gelbe Blätter können entfernt werden.
Tipps: Sieht in größeren Gruppen imposant aus, eignet sich auch für Beete an der Hauswand oder vor einer Mauer.

Strahlen-Anemone
(Anemone blanda)

⬆ 10–25 cm ✻ 3–4 ○–◑

Vorfrühlingsblüher, der gute Laune verbreitet und auch im Topf problemlos gedeiht.
Wuchs: Aus knolligen Wurzelstöcken bilden sich dichte Blattteppiche, die nach der Blüte verschwinden.
Blüte: Die gelbe Blütenmitte ist umgeben von langen Zungenblüten in Blau, Violett, Weiß und Rosa.
Standort: Im Frühjahr sonnig und hell, humose, durchlässige und zugleich frische Böden.
Pflege: Mit Herbstlaub abdecken beziehungsweise es einfach bis zum Frühjahr auf dem Beet liegen lassen.
Tipps: Tolle Bepflanzung unter Laubgehölzen, die nicht allzu flach wurzeln.

Sorten 'White Splendour' – große, reinweiße Blüten; 'Blue Shades' – verschiedene Blautöne; 'Charmer' – dunkelrosa Blüten.

Montbretie

(Crocosmia × crocosmiiflora)

⬆ 60–80 cm ✻ 7–9 ○

Exotische Knollenpflanze für alle, die das Außergewöhnliche lieben.

Wuchs: Aus einzelner Knolle treibt der belaubte Blütenstiel, meist sitzen die Knollen dicht nebeneinander, sodass der Eindruck eines Horstes entsteht.

Blüte: Trichterförmig, orangerot, in überhängenden Ähren mit etwa 20 Knospen.

Standort: Warme, geschützte Plätze, nährstoffreiche, sommertrockene Böden.

Pflege: Guter Winterschutz aus Laub und Reisig gegen Feuchtigkeit.

Tipps: Am besten die Horste erst im Frühjahr zurückschneiden, so schützt sich die Pflanze selbst.

Sorten: 'Aurora' – orange, große Blüten, 'Red King' – scharlachrot mit orangefarbener Mitte, kleine Einzelblüten.

Elfenkrokus

(Crocus tommasinianus)

⬆ 5–10 cm ✻ 2–4 ◑

Zierliche Wildart der großblumigen Frühlingsklassiker, die sich bestens zum Verwildern eignet.

Wuchs: Zwiebelpflanze, die sich durch Versamen zu ausgedehnten Teppichen ausbreitet.

Blüte: Hellviolette Trichterblüten mit orangegelben Staubgefäßen in der Blütenmitte.

Standort: Unter Laubgehölzen und zwischen hohen Stauden; frische, durchlässige Böden.

Pflege: Anspruchslos; zum Verwildern in den ersten Jahren im Herbst nachpflanzen, später breiten sie sich ohne Zutun aus.

Tipps: Bei Verwendung im Rasen erst mähen, nachdem das Laub gelb geworden ist.

Sorten: 'Ruby Giant' – rötliches Violett; 'Whitewell Purple' – purpurviolett, großblumig, reichblütig, wüchsig.

Winterling
(Eranthis hyemalis)

↑ 5–10 cm ✻ 2–3 ◑–●

Diese Knollenpflanze hat nicht nur eine sehr frühe Blütezeit, sondern bringt zugleich Farbe ins Spiel.
Wuchs: Bildet durch Ausläufer lockere Teppiche, die handförmig geteilten Blätter erscheinen während und nach der Blüte; die Pflanzen ziehen frühzeitig ein.
Blüte: Schalenblüten mit einem grünen, kragenförmigen Hochblatt auf kurzen Stielen, gelb, zarter Duft.
Standort: Frischer, humoser Boden; im Frühling sonnig warm, später halbschattig bis schattig.
Pflege: Knollen im Herbst umgehend nach dem Kauf pflanzen.
Tipps: Ideal für Baumscheiben und sonnige Gehölzränder.

Schneeglöckchen
(Galanthus nivalis)

↑ 10–15 cm ✻ 2–4 ◑–●

Wenn die Schneeglöckchen blühen, ist das Winterende nicht mehr fern.
Wuchs: Eintriebige Zwiebelpflanze mit schmalen, linealen Blättern; im Laufe der Zeit bilden sich kleine nestartige Gruppen.
Blüte: Hängende Glöckchen, weiß, an Stielen, zart duftend.
Standort: Frische, lehmig-humose Böden, nährstoffreich, im Frühling sonnig hell, später auch schattig.
Pflege: Im Herbst pflanzen.
Tipps: Wenn die Gruppen sehr dicht werden und wenige Blüten tragen, werden sie direkt nach der Blüte geteilt und neu gepflanzt; verwildert; schön in Töpfen.

Sorten: 'Flore Pleno' – gefüllte Blüten.

Hasenglöckchen
(Hyacinthoides hispanica)

⬆ 20–35 cm ✻ 4–5 ◐–●

Großflächig verwildert wirken die blauen Blüten besonders eindrucksvoll.
Wuchs: Eintriebige Zwiebelblume mit riemenförmigem Laub, im Laufe der Zeit entstehen Horste.
Blüte: Hängende Glocken in dichten, aufrechten Trauben, violettblau, rosa oder weiß.
Standort: Frische bis feuchte, humose, nährstoffreiche Böden, durchlässig; lichtschattig kühl.
Pflege: Im Herbst pflanzen.
Tipps: Sehr schöner Begleiter zu immergrünen Rhododendren.

Sorten: 'Dainty Maid' – dunkelrosa, großblumig; 'Excelsior' – violett', 'La Grandesse' – weiß.

Hyazinthe
(Hyacinthus orientalis)

⬆ 20–30 cm ✻ 4–5 ○

Kaum ein Frühlingsblüher duftet so intensiv wie diese Zwiebelpflanze.
Wuchs: Eintriebig mit breit linealen, grünen Blättern.
Blüte: Sternförmig geöffnete Röhren in einer walzenförmigen Traube an dicken Stielen, süßlicher Duft, blau, violett, rosa, rot, weiß, apricot, gelb.
Standort: Frischer, durchlässiger, nährstoffreicher Boden in der Sonne.
Pflege: Pflanzung im Herbst, Blütentriebe frühzeitig mit Stäben stützen.
Tipps: Wirken schön in Töpfen; man kann auch vorgetriebene Exemplare im Frühling pflanzen.

Sorten: 'Blue Eyes' – blau; 'Gipsy Queen' – apricot; 'L'Innocence' – weiß; 'Queen of the Pinks' – mittelrosa; 'Yellow Hammer' – goldgelb.

Traubenhyazinthe
(Muscari armeniacum)

⬆ 15–25 cm ✻ 4–5 ○–◑

Ein kleiner Frühlingsblüher, der den Garten bereichert und niemals lästig wird.
Wuchs: Mehrtriebige Zwiebelblume mit linealen, grasgrünen Blättern.
Blüte: Winzige Glöckchen in dichten, kegelförmigen Trauben auf festen Stielen, blau mit weißem Rand.
Standort: Durchlässige, trockene bis frische, nährstoffreiche Böden; sonnig und warm.
Pflege: Im Frühling pflanzen; Blätter erst entfernen, wenn sie gelb werden.
Tipps: Schmücken über mehrere Jahre Töpfe, wenn man sie während der Blüte düngt.

Sorten: 'Blue Spike' – leuchtend blau, gefüllte Blüten.

Narzisse, Osterglocke
(Narcissus-Arten und -Hybriden)

⬆ 15–60 cm ✻ 3–5 ○

Ein Frühlingsklassiker mit großer Vielfalt.
Wuchs: Vieltriebige Zwiebelblume mit linealen bis riemenförmigen Blättern.
Blüte: Zweiteilig, eine sternförmige und eine trompeten- bis tellerförmige Krone, in meist unterschiedliche Farben, gelb, weiß, orange, apricot.
Standort: Mäßig trocken bis feuchte, nährstoffreiche Böden, sonnig.
Pflege: Pflanzung im Herbst; im trockenen Spätwinter unbedingt gießen; Verblühtes abschneiden, Blätter erst entfernen, wenn sie gelb werden.
Tipps: Wenn die Blüten weniger werden, sollten die Zwiebeln ausgegraben und geteilt werden.

Sorten: 'Peeping Tom' – gelb, kleinblumig; 'Tête-à-Tête' – goldgelb, kleinblumig; 'Thalia' – weiß, niedrig, robust; *N. poeticus* 'Actaea' – Dichternarzisse weiß, große Blüten, 40–60 cm.

Blausternchen
(Scilla siberica)

⬆10–15 cm ✻ 3–4 ○–◑

Zierliche Blüten für noch mehr Frühlingsblau im Garten.

Wuchs: Mehrere Triebe aus einer Zwiebel, bildet dichte Teppiche.

Blüte: Nickende Sternchen, je zwei bis drei pro Blütenstiel, leuchtend blau.

Standort: Frische, durchlässige, mäßig nährstoffreiche Böden.

Pflege: Pflanzung im Herbst.

Tipps: Breitet sich von alleine aus.

Sorten: 'Spring Beauty' – leuchtend blau, Blüten größer als die Wildform.

Tulpe
(Tulipa-Hybriden)

⬆20–70 cm ✻ 5–6 ○–◑

Ein Muss für den Frühlingsgarten.

Wuchs: Straff aufrechte Zwiebelblume, am Blütentrieb sitzen die breit elliptischen, stumpf graugrünen Blätter.

Blüte: Becherförmig, mal spitz und geschlossen, mal breit geöffnet, auch gefüllt, weiß, gelb, rot, rosa, orange, violett bis fast schwarz.

Standort: Frische, nährstoffreiche, durchlässige Böden, sommerwarme, trockene Plätze.

Pflege: Pflanzung im Herbst; Verblühtes entfernen; welke Blätter und Stiele entfernen.

Tipps: Um die Tulpenzeit zu verlängern, früh- und spät blühende Sorten mischen.

Sorten: Der Vielfalt sind keine Grenzen gesetzt. Es gibt verschiedenste Gruppen, wie zum Beispiel Lilienblütige, Papageien-, Päonienblütige, Darwin- und Cottage-Tulpen.

Strauchrose 'Angela'

⬆ 60–100 cm ✻ 6–10 ○

Sehr gesunde und robuste Strauchrose, die den Charme der »Alten Rosen« verbreitet.
Wuchs: Breitbuschig, aufrecht, locker verzweigt.
Blüte: Mittelgroße, locker gefüllte Schalenblüten, in Büscheln und Dolden, kräftiges Rosa, reich blühend, mehrmals blühend, regenfest.
Standort: Frische, tiefgründige Böden mit gutem Nährstoffangebot; sonnig.
Pflege: Verblühtes entfernen; im Herbst kranke Blätter entfernen und mit reifer Komposterde anhäufeln; im Frühjahr schneiden, vor allem alte Triebe am Ansatz entfernen.
Tipps: Hübsch für Hecken.

Ähnliche Sorten: 'Felicitas' - karminrosa, einfach, öfterblühend, 120 cm hoch; 'Linderhof' - leuchtendrosa mit gelber Mitte, einfach, öfterblühend, bis 180 cm hoch.

Beetrose 'Bonica '82'

⬆ 50–80 cm ✻ 6–10 ○–◑

Die perfekte Einsteigerrose, die nicht enttäuscht und sehr frosthart ist.
Wuchs: Breitbuschig, locker verzweigt, äußere Triebe überhängend.
Blüte: Mittelgroß, gut gefüllt, offene Mitte, hellrosa, in dichten Büscheln, öfterblühend, bildet Hagebutten.
Standort: Frische, tiefgründige Böden mit gutem Nährstoffangebot; sonnig, heller Schatten.
Pflege: Im Herbst mit reifem Kompost anhäufeln; im Frühling düngen; wenn man die welken Blüten zurückschneidet, können sich keine Hagebutten bilden.
Tipps: Passt sehr gut zu blau blühenden Stauden, wie Salbei, Lavendel und Katzenminze.

Ähnliche Sorten: 'Aprikola' - kräftig aprikosengelb bis rosa, halbgefüllt, öfterblühend, bis 70 cm; 'Betty Prior' - karminrosa, innen heller, einfach, öfterblühend bis 80 cm.

Beetrose 'Leonardo da Vinci'

⬆ 60–80 cm ✻ 6–9 ○

Eine gesunde Rose mit eindrucksvoller Fernwirkung.
Wuchs: Buschig, aufrecht, kompakt.
Blüte: Groß, stark gefüllt, geviertelte Mitte, dunkelrosa.
Standort: Frische, tiefgründige Böden mit gutem Nährstoffangebot; sonnig.
Pflege: Verblühtes regelmäßig entfernen; im Herbst anhäufeln; im Frühjahr düngen und die Triebe zurückschneiden.
Tipps: Das leuchtende Rosa verblasst in der Sonne nicht und die Blüten sind sehr regenfest.

Ähnliche Sorten: 'Gebrüder Grimm'- leuchtend orange und gelb, gefüllt, öfterblühend, 70 cm hoch; 'Home and Garden' - reinrosa, gefüllt, öfterblühend, bis 80 cm.

Strauchrose 'Louise Odier'

⬆ 150–200 cm ✻ 6–9 ○

Eine Bourbonrose mit sehr romantischen, zart duftenden Blüten.
Wuchs: Lockere, reich verzweigte Büsche.
Blüte: Mittelgroß, dicht gefüllt, für »Alte Rosen« typische Form, kräftiges Hellrosa, öfter blühend.
Standort: Frische, tiefgründige Böden mit gutem Nährstoffangebot; sonnig warm, nicht zu heiß.
Pflege: Verblühtes schneidet man weg; im Herbst anhäufeln; im Frühjahr düngen und den Strauch durch Auslichten alter Triebe verjüngen.
Tipps: Die Blüten halten sehr gut in der Vase.

Ähnliche Sorten: 'Hansa' - dunkles violettrot, verblauend, halbgefüllt, öfterblühend, Höhe 200 cm; 'Muscosa' - intensives Rosa, gefüllt, einmalblühend, bis 100 cm.

Kletterrose 'Maria Lisa'

⬆ 200–300 cm ✻ 6–7 ○

Einmal blühende Kletterrose mit sehr haltbaren Blüten.
Wuchs: Lange, weiche, fast stachellose Triebe, die bei dieser Rank-(Rambler-)Rose überhängen.
Blüte: Schalenförmig, ungefüllt, klein, hellrot mit weißer Mitte und gelben Staubgefäße; kleine, birnenförmige Hagebutten.
Standort: Frische, tiefgründige Böden mit gutem Nährstoffangebot; sonnig; keine rauen Lagen, da etwas frostempfindlich.
Pflege: Nach der Blüte zurückschneiden; Triebe regelmäßig anbinden; im Frühjahr und Sommer düngen; im Herbst anhäufeln, Basis mit Reisig abdecken.
Tipps: Für Pergolen, Rosenbögen und Bäume.

Ähnliche Sorten: 'Super Dorothy' - rosa, gefüllt, öfterblühend, 250 cm hoch; 'Super Exelsa' - karminrosa, gefüllt, öfterblühend, 250 cm hoch.

Strauchrose 'Mary Rose'

⬆ 120–150 cm ✻ 6–10 ○

Eine so genannte Englische Rose, die viele Merkmale von »Alten Rosen« trägt.
Wuchs: Aufrecht, buschig, gut verzweigt und starkwüchsig, stark bestachelte Triebe.
Blüte: Schalenförmig, locker gefüllt, kräftig rosa, süßer Duft, Dauerblüher bis in den Herbst.
Standort: Frische, tiefgründige Böden mit gutem Nährstoffangebot; sonnig.
Pflege: Welke Blüten entfernen; im Herbst anhäufeln; im Frühjahr zurückschneiden und düngen; im Frühsommer ein zweites Mal düngen.
Tipps: Gesunde Rose mit widerstandsfähigem Laub.

Ähnliche Sorten: 'Rosarium Uetersen' - kräftiges Rosa, gefüllt, öfterblühend, 150 cm hoch.

Bodendeckerrose ‘Mirato’

⬆ 40–60 cm ✻ 6–7 ○

Ideal für eine dichte, rosige Decke auf großen und kleinen Flächen.
Wuchs: Buschig, breit, reich verzweigt.
Blüte: Mittelgroß, leicht gefüllt, in breiten Dolden, reichblütig, einmal blühend.
Standort: Frische, tiefgründige Böden mit gutem Nährstoffangebot; sonnig.
Pflege: Nach der Blüte ausputzen; im Herbst mit reifer Komposterde versorgen; im Frühjahr zurückschneiden und düngen.
Tipps: Ideal um Böschungen zu befestigen. Pro Quadratmeter braucht man etwa vier Pflanzen.

Ähnliche Sorten: ´Knirps` - kräftigrosa, gefüllt, öfterblühend, 30 cm; ´Palmengarten Frankfurt´ - kräftiges Rosa, halbgefüllt, öfterblühend, 70 cm hoch.

Kletterrose ‘New Dawn’

⬆ 300–400 cm ✻ 6–10 ○–◑

Eine der besten Kletterrosen. Sie macht richtig Spaß.
Wuchs: Lange, überhängende Triebe, kräftig, kletternd.
Blüte: Mittelgroß, gefüllt, wie eine Edelrose, zartes Perlmuttrosa, duftend, reich- und langblühend, grün- bis orangebraune Hagebutten im späten Herbst.
Standort: Frische, tiefgründige Böden mit gutem Nährstoffangebot; sonnig bis halbschattig.
Pflege: Verblühtes in den ersten Wochen entfernen, später stehen lassen, damit Hagebutten reifen; Rückschnitt nicht zwingend notwendig; im Frühjahr düngen; im Herbst mit Kompost anhäufeln.
Tipps: Für Rosenbögen, Wände und Pavillons.

Ähnliche Sorten: ´Jasmina` - violett-rosa, gefüllt, öfterblühend, Höhe 200 cm; ´Manita´ - dunkelrosa mit gelblichweißer Mitte, halbgefüllt, öfterblühend, bis 250 cm.

Beetrose 'Schneeflocke'

⬆ 40–50 cm ✻ 6–10 ○–◑

Eine sehr gesunde Floribundarose.
Wuchs: Breitbuschig, dicht treibend.
Blüte: Klein, halb gefüllt, in dichten Büscheln, reinweiß, leicht duftend, wetterfest, reich blühend.
Standort: Frische, tiefgründige Böden mit gutem Nährstoffangebot; sonnig bis halbschattig.
Pflege: Verblühtes ausputzen; im Frühling und Frühsommer düngen, damit neue Knospen gebildet werden und die Blüte lange anhält; im Herbst anhäufeln, im Frühling zurückschneiden.
Tipps: Passt sehr gut zu graulaubigen Pflanzen wie Wollziest, Katzenminze und Lavendel.

Ähnliche Sorten: 'Innocencia' - reinweiß, halbgefüllt, öfterblühend, 50 cm hoch; 'Medeo' - weiß mit leichtem rosa Ton, einfach, öfterblühend, 60 cm hoch.

Strauchrose 'Schneewittchen'

⬆ 100–150 cm ✻ 5–10 ○–◑

Bis in den späten Herbst ein wundervoller Dauerblüher.
Wuchs: Buschig, aufrecht, leicht überhängende Triebe.
Blüte: Mittelgroß, locker gefüllt, schalenförmig, offene Mitte, reinweiß, duftend, selbstreinigend, regenfest; im Herbst rote Hagebutten.
Standort: Frische, tiefgründige Böden mit gutem Nährstoffangebot; sonnig bis halbschattig.
Pflege: Im Frühsommer welke Blüten entfernen, später stehen lassen für die Fruchtbildung; im Herbst anhäufeln; im Frühjahr düngen und auslichten.
Tipps: Eine der besten weiß blühenden Strauchrosen.

Ähnliche Sorten: 'Vogelpark Walsrode' - zartrosa, halbgefüllt, öfterblühend, 120 cm.

Beetrose 'The Fairy'

↑ 40–60 cm ❋ 6–10 ○–◑

Reich blühende Beetrose, die auch als Bodendecker geeignet ist.

Wuchs: Breit, kompakt, reich verzweigt, elegant überhängend.

Blüte: Rosettenförmig, gefüllt, klein, in dichten Büscheln, hellrosa, reichblühend.

Standort: Frische, tiefgründige Böden mit gutem Nährstoffangebot; sonnig bis halbschattig.

Pflege: Verblühtes abschneiden; im Frühling und Sommer düngen; im Frühjahr zurückschneiden.

Tipps: Zusammen mit niedrigen Stauden wirkt diese Rose wie eine kleine Strauchrose; für die flächige Verwendung rechnet man 40 cm Pflanzabstand.

Ähnliche Sorten: 'Lovely Fairy' - kräftiges Rosa, hellere Mitte, gefüllt, öfterblühend, bis 60 cm; 'Sommerwind' - leuchtendes Reinrosa, halbgefüllt, öfterblühend, 60 cm hoch.

Strauchrose 'Westerland'

↑ 150–200 cm ❋ 6–10 ○–◑

Moderne Blütenfarbe für peppige Gestaltungen.

Wuchs: Buschig, aufrecht, starkwüchsig.

Blüte: Groß, locker gefüllt, offene Mitte, in Büscheln überhängend, kupferorange mit rosa und gelbem Schimmer; stark duftend; kleine Blütenpause im Sommer, gut nachblühend.

Standort: Frische, tiefgründige Böden mit gutem Nährstoffangebot; sonnig bis halbschattig.

Pflege: Verblühtes ausputzen; im Herbst anhäufen; im Frühling düngen, nur leicht zurückschneiden bzw. alte Triebe entfernen.

Tipps: Sehr robuste Sorte.

Ähnliche Sorten: 'Freisinger Morgenröte' - orangefarben auf gelbem Grund, halbgefüllt, öfterblühend, 150 cm hoch.

Pfeifenwinde
(Aristolochia macrophylla)

↑ 3–8 m ✻ 6–8 ◐–●

Die großen Blätter haben sich als hervorragende Schattenspender erwiesen.
Wuchs: Schlingend nach oben, starkwüchsig.
Blätter: Herzförmig, bis 30 cm lang, frischgrün.
Blüte: Pfeifenartig, außen gelblich grün, innen rotbraun, später kapselförmige Früchte.
Standort: Feuchte, lehmige, nährstoffreiche Böden; schattig, halbschattig.
Pflege: Benötigt Kletterhilfe; störende Triebe einkürzen.
Tipps: Mit den großen Blättern wirkt die Pflanze exotisch; ideal für die Begrünung von Pergolen und Lauben.

Berg-Waldrebe
(Clematis montana)

↑ 3–8 m ✻ 5 ○–◐

Die Blütenfülle im Frühling ist überwältigend.
Wuchs: Mit Ranken kletternd, starkwüchsig.
Blätter: Dreizählig, eiförmig, kurz gestielt, grün.
Blüte: Sternförmig, rosarot, bilden sich an den Trieben des Vorjahres.
Standort: Frische bis feuchte, nährstoffreiche Gartenböden; kühl im Wurzelbereich; sonnig, halbschattig.
Pflege: Kommt ohne Schnitt aus; Störendes nach der Blüte zurückschneiden.
Tipps: Klettert an Lattengittern oder Schnüren.

Sorten: 'Rubens' – kräftig rosa; 'Superba' – weiß, großblumig, bis 8 m hoch.

Italienische Waldrebe
(Clematis viticella-Hybriden)

⬆ 4–5 m ✻ 6–8 ○–◑

Robuste, unempfindliche Clematis-Sorten mit natürlicher Wirkung.

Wuchs: Mit Ranken kletternd, mittelstark wachsend.

Blätter: Gegenständig gefiedert mit 5–7 eiförmigen Blättchen.

Blüte: Sternförmig, auf Stielen, Durchmesser meist 6–8 cm, weiß, rot, purpur, blau, violett.

Standort: Durchlässige, mäßig trockene bis feuchte Böden; sonnig bis halbschattig.

Pflege: Kann, muss aber nicht geschnitten werden.

Tipps: Diese *Clematis* sind gesund und werden nicht von der *Clematis*-Welke befallen.

Sorten: 'Étoile Violett' – große tiefviolette Blüten; 'Rubra' – weinrot, reichblühend.

Knöterich
(Fallopia aubertii)

⬆ 8–15 m ✻ 7–9 ○–◑

Diese Schlingpflanze erobert jede Sichtschutzwand im Nu. Nichts für sehr kleine Gärten.

Wuchs: Schlingend, dicht, starkwüchsig, später überhängend.

Blätter: Spitz eiförmig, bis 5 cm lang, frisch grün.

Blüte: In langen, aufrechten Rispen, weiß.

Standort: Anspruchslos, sonnig bis halbschattig.

Pflege: Stabile Rankhilfe erforderlich.

Tipps: Toll, um unschöne Wände schnell zu verkleiden. Kann auch radikal zurückgeschnitten werden – zu jeder Zeit.

Gewöhnlicher Efeu
(Hedera helix)

⬆ 10–20 m ❋ 9–10 ○–◑–●

Der immergrüne Klassiker, der nicht nur Wände bedeckt, sondern sich auch flach am Boden ausbreitet.
Wuchs: Kletternd mit Haftwurzeln oder kriechend.
Blätter: 3- bis 5-lappig, ledrig, immergrün, dunkelgrün, z.T. mit gelber oder weißer Färbung, im Alter rundlich.
Blüte: In kugelförmigen Dolden, Einzelblüte klein, unscheinbar, gelbgrün, später giftige schwarze Beeren.
Standort: Mäßig trockene bis feuchte, nährstoffreiche Böden.
Pflege: Anspruchslos.
Tipp: Die Triebe können in grobmaschige Drahtzäune eingeflochten werden.

Hopfen
(Humulus lupulus)

⬆ 2–8 m ❋ 7–8 ○–◑

An heißen Tagen ist ein Plätzchen im Schatten des Hopfens fast so erfrischend wie ein kühles Bier.
Wuchs: Schlingend, treibt wie eine Staude jedes Jahr aus dem Wurzelstock neu aus.
Blätter: 3- bis 7-fach handförmig gelappt, gesägter Rand, dunkelgrün.
Blüte: Unscheinbar, männliche und weibliche Blüten an verschiedenen Pflanzen; später frischgrüne, zapfenartige Früchte.
Standort: Normale, tiefgründige Böden.
Pflege: Rückschnitt im Frühjahr bis zum Boden.
Tipps: Klettert an Spalieren oder Drähten.

Sorten: 'Aureus' – gelbe Blätter.

Heckenkirsche
(Lonicera periclymenum)

⬆ 3–6 m ✻ 5–6 ○–◑

Heimische Schlingpflanze mit duftenden Blüten.
Wuchs: Schlingend, starkwüchsig.
Blätter: Elliptisch breit, früher Austrieb, tiefgrün.
Blüte: Röhrenförmig, dicht in Quirlen an den Triebenden; gelblichweiß mit rötlichen Spitzen.
Standort: Frische bis feuchte, nährstoffreiche Böden.
Pflege: Kann bei Bedarf zurückgeschnitten werden, sehr robust.
Tipps: Klettert an Spalieren, Drähten oder Stäben.

Wilder Wein
(Parthenocissus quinquefolia)

⬆ 8–12 m ✻ 5–6 ○–◑

Verhüllt Pergolen und Bäume und lässt sie im Herbst mit dem leuchtend roten Blattwerk aufflammen.
Wuchs: Kletternd mit Ranken und Haftscheiben, schnell wachsend.
Blätter: Handförmig gefingert, 5-zählig, glänzend dunkelgrün, im frühen Herbst leuchtend rot.
Blüte: Unscheinbar gelb-grün, später schwarze Beeren mit bläulichem Reifüberzug. Nicht genießbar.
Standort: Anspruchslos.
Pflege: Rückschnitt jederzeit möglich.
Tipps: Wächst bevorzugt an weiten Spalieren, da die Haftscheiben nicht allzu stark sind. Nicht für steile, hohe Wände – hier besser die Sorten bzw. Arten verwenden.

Sorten / Arten: 'Engelmannii' – Sorte mit guten Haftorganen, für steile Mauern; *P. tricuspidata* – dreilappiges Laub, bis 20 m hoch kletternd mit Haftorganen, ideal für Wände (kl. Foto)

Feldahorn
(Acer campestre)

⬆ 5–7 m ❋ 4–5 ○–◑

Anpassungsfähiges, ökologisch wertvolles, heimisches Gehölz.
Wuchs: Kleine, runde Krone.
Blätter: Drei- bis fünflappig, bis zu 10 cm lang, dunkelgrün, feste Substanz.
Blüte: Klein, gelbgrün, in Rispen; später bilden sich die typischen geflügelten Früchte.
Standort: Anspruchslos.
Pflege: Bei Verwendung als Schnittgehölz muss man zwei bis drei Schnitttermine einplanen.
Tipps: Als Heckengehölz entwickelt sich ein dichtes Astwerk, das einen guten Windschutz bietet.

Felsenbirne
(Amelanchier laevis)

⬆ 3–5 m ❋ 4–5 ○–◑

Dieser anspruchslose Strauch spielt sich zweimal im Jahr in den Vordergrund: Im Frühling mit Blüten, im Herbst mit einer leuchtenden Laubfärbung.
Wuchs: Mehrstämmig, breit.
Blätter: Oval, bis 10 cm, bläulich grün.
Blüte: In dichten Trauben, weiß, vor dem Austrieb; im Herbst blauschwarze Früchte.
Standort: Normale Gartenböden, keine hohen pH-Werte; sonnig bis halbschattig.
Pflege: Anspruchslos.
Tipps: Die Früchte sind bei Vögeln sehr beliebt und können auch als Wildfrüchte in der Küche verwertet werden.

Sorten: 'Ballerina'– dekorativer Wuchs mit bogig überhängenden Trieben.

Hecken-Berberitze
(Berberis thunbergii)

⬆ 1,5–2 m ❄ 5 ○–◑

Es gibt kaum einen Standort, auf dem die Berberitze nicht gedeiht.
Wuchs: Buschig, dichte, bedornte Triebe.
Blätter: Eiförmig, klein, frischgrün.
Blüte: In Trauben, primelgelb; später kleine, längliche Früchte, rot.
Standort: Durchschnittliche Böden, sonnig bis halbschattig.
Pflege: Anspruchslos, Langtriebe im Sommer einkürzen.
Tipps: Der Strauch ist sehr gut schnittverträglich und eignet sich für Hecken zwischen 50 und 80 cm. Frostfestes Gehölz für die Bepflanzung von Kübeln.

Sorten: 'Atropurpurea' – rotlaubiges Pendant; 'Atropurpurea Nana' – kleinbleibend (40–60 cm) mit roten Blättern.

Schmetterlingsstrauch
(Buddleja davidii)

⬆ 3–5 m ❄ 7–10 ○

Ein pflegeleichter, robuster Dauerblüher für die Sommermonate.
Wuchs: Breit ausladend, schnellwüchsig, flacher Wurzelkörper.
Blätter: Breit lanzettlich, bis 20 cm lang, graugrün.
Blüte: Klein, in großen kegelförmigen Rispen, leicht übergeneigt, in Violett, Purpur, Rosa, Weiß, duftend.
Standort: Normale Gartenböden, sonnig warm.
Pflege: Radikaler Rückschnitt im Frühjahr, um den Neuaustrieb anzuregen, an dem sich die Blüten bilden.
Tipps: Die Blüten sind bei Bienen und Schmetterlingen sehr beliebt und ziehen sie magisch an.

Sorten: 'Black Knight'– violett, duftend; 'Empire Blue' – blau, duftend; 'Peace' – weiß, zart duftend; 'Pink Delight' – rosa, großblütig, intensiver Duft.

Buchsbaum
(Buxus sempervirens)

⬆ 2–4 m ❋ 3–4 ○–◑–●

Wer kennt nicht die immergrünen Kugeln und geschnittenen Einfassungen aus diesem Heckengehölz?
Wuchs: Dichtbuschig, aufrecht, langsam wachsend.
Blätter: Eiförmig, bis 2 cm, dunkelgrün, Unterseite und frischer Austrieb heller, ledrig, immergrün.
Blüte: Unscheinbar, gelblich grün.
Standort: Mäßig trockene, nährstoffreiche Böden, bevorzugt neutrale bis stark kalkhaltige Erde; sonnig bis schattig.
Pflege: Geschnittener Buchs muss im April und Juli (bei bedecktem Himmel) in Form gebracht werden.
Tipps: Der Schnitt ist recht bequem, wenn man den Rasenkantenschneider verwendet.

Sorten: 'Blauer Heinz'– langsam wachsend, gedrungen, blaugrüner Austrieb; 'Suffruticosa'– der Klassiker; *Buxus sempervirens* var. *arborescens* – hoher Buchsbaum, vor allem für größere Figuren.

Hainbuche
(Carpinus betulus)

⬆ 5–7 m ❋ 4 ○–◑–●

Der Klassiker für eine Laub abwerfende, geschnittene Hecke.
Wuchs: Baum mit kegelförmiger, später rundlicher Krone.
Blätter: Elliptisch bis eiförmig, 10 cm, frischgrün, im Herbst gelb, Laubabwurf meist erst im Frühjahr.
Blüte: Unscheinbar; später hellgrüne Büschel kleiner Flügelnüsse.
Standort: Tiefgründige, mäßig trockene bis mäßig feuchte Böden; sonnig bis schattig.
Pflege: Bei Trockenheit gießen; kann auch im Sommer geschnitten werden.
Tipps: Im dichten Astwerk nisten gerne Vögel.

Sorten: 'Fastigiata'– schmal wachsende Sorte.

Deutzie, Maiblumenstrauch
(*Deutzia*-Hybriden)

↑ 1,5–2 m ❄ 6 ○–◑

Bezauberndes Blütengehölz für den Sommeranfang.
Wuchs: Aufrecht, buschig, mit bogig wachsenden Trieben.
Blätter: Lanzettlich breit, sommergrün.
Blüte: Sternförmig, weiß, rosa, zum Teil gefüllt, in kurzen Rispen.
Standort: Normale Gartenböden; sonnig bis halbschattig.
Pflege: Alle zwei Jahre sollten vergreiste Triebe ausgelichtet werden, damit sich der Strauch von unten verjüngt.
Tipps: Kann auch durch einen kompletten Rückschnitt verjüngt werden.

Sorten: 'Mont Rose' – rosa; 'Pink Pom-Pom' – rosa, gefüllt, wie eine Pompon.

Goldglöckchen, Forsythie
(*Forsythia × intermedia*)

↑ 2–4 m ❄ 2–3 ○–◑

Wenn die Forsythien blühen, kann der Winter endlich abgehakt werden.
Wuchs: Aufrecht, straff, trichterförmig.
Blätter: Lanzettlich, bis 10 cm, frischgrün.
Blüte: Glockenförmig hängend, einzeln oder in Büscheln, goldgelb bis hellgelb, vor dem Laubaustrieb, bevorzugt an einjährigen Trieben.
Standort: Nicht zu trockene Böden; sonnig bis halbschattig, warm.
Pflege: Regelmäßig sollten alte Triebe an der Basis entfernt werden.
Tipps: Die Blütentriebe machen sich gut als Osterstrauß.

Sorten: 'Lynwood' – bis 2,5 m, leuchtend gelb, reichblütig; 'Minigold' – nur 1 m; goldgelb; 'Spectabilis' – 3 m, dunkelgelb; 'Spring Glory' – 3 m; hellgelb, großblütig.

Samt-Hortensie
(Hydrangea aspera subsp. *sargentiana)*

↑ 1,5–3 m ✻ 7–9 ◑

Eine unkomplizierte Schwester der Bauernhortensie mit dekorativen Blättern.

Wuchs: Aufrecht steif, durch kurze Ausläufer in die Breite wachsend.

Blätter: Breit eiförmig, bis 35 cm, samtig behaart.

Blüte: Kleine rosalila Innenblüten (fertil), weiße, auffällige Außenblüten in einem bis zu 25 cm breiten, leicht gewölbten Blütenstand.

Standort: Mäßig trockene bis frische, schwach saure bis alkalische, nährstoffreiche Böden; lichtschattig, etwas geschützt.

Pflege: Bei Trockenheit wässern.

Tipps: Am schönsten in Einzelstellung.

Ranunkelstrauch
(Kerria japonica)

↑ 1,5–2 m ✻ 4–5 ○–●

Dieser unkomplizierte Strauch füllt unliebsame Ecken und lässt sie wieder aufblühen.

Wuchs: Buschig, straff aufrechte Grundtriebe, durch Ausläufer zu Horsten heranwachsend.

Blätter: Lanzettlich, bis 5 cm groß, frischgrün.

Blüte: Schalenförmig, goldgelb.

Standort: Durchlässige Gartenböden; sonnig wie schattig.

Pflege: Alte Triebe im Winter entfernen.

Tipps: In den Randbereichen muss man die Ausläufer etwas im Zaum halten.

Sorten: 'Pleniflora' – gefüllte, goldgelbe Blüten, gute Fernwirkung.

Kolkwitzie, Perlmuttstrauch
(Kolkwitzia amabilis)

⬆ 1,5–2 m ❋ 5–6 ○–◑

Ein Blütengehölz, auf das Verlass ist.
Wuchs: Breit buschig, dicht verzweigt, später leicht übergeneigte Zweige.
Blätter: Breit eiförmig, stumpfgrün.
Blüte: Glockenförmig, in endständigen Doldentrauben, rosaweiß.
Standort: Normaler Gartenboden; sonnig bis halbschattig.
Pflege: Alte Triebe bodennah entfernen.
Tipps: Als Kübelpflanze frosthart.

Sorten: 'Pink Cloud' – großblumig.

Mahonie
(Mahonia aquifolium)

⬆ 0,6–1,2 m ❋ 4–5 ○–◑

Pflegeleichter Frühlingsblüher.
Wuchs: Aufrecht, breitbuschig.
Blätter: Gefiedert, immergrün, glänzend dunkelgrün, im Herbst purpur- bis dunkelrot.
Blüte: Klein, goldgelb, dichte, aufrechte Trauben; schwarze Beeren mit hellblauem Reifüberzug im August.
Standort: Normaler Gartenboden; sonnig bis halbschattig.
Pflege: Keine.
Tipps: Der Strauch verträgt einen kräftigen Rückschnitt zur Verjüngung.

Sorten: 'Apollo'– niedrige (0,4–0,6 m) Sorte, für größere Flächen; 'Atropurpureum' – auffällige, dunkelrote Winterfärbung.

Feuerdorn
(Pyracantha coccinea)

⬆ 1,5–3 m ❋ 5–6 ○–◑

Hecken, Wände und Problemecken werden zum Blickfang, wenn der Feuerdorn orangerote Beeren trägt.
Wuchs: Aufrecht buschig, sparrig verzweigt.
Blätter: Schmal lanzettlich, dunkelgrün glänzend, ledrig, immergrün.
Blüte: Weiß in dichten Scheinrispen; kugelige Beeren, die ab September orange, rot oder gelb leuchten.
Standort: Durchlässige Böden; sonnig bis halbschattig, windgeschützt.
Pflege: Anspruchslos.
Tipps: Verträgt einen radikalen Rückschnitt, treibt ohne Probleme wieder aus.

Sorten: 'Orange Charmer' – Frucht orange; 'Orange Glow' – Frucht orangerot; 'Red Column' – Frucht rot, straff aufrechter Wuchs; 'Soleil d'Or' – Frucht gelb.

Alpen-Johannisbeere
(Ribes alpinum)

⬆ 1–2 m ❋ 4–5 ○–◑–●

Schnittverträglicher Kleinstrauch, der im Frühling zeitig frisches Grün in den Garten bringt.
Wuchs: Straff aufrecht, dicht verzweigt, langsam wachsend.
Blätter: Rundlich, 3- bis 5-lappig, frischgrün, früher Austrieb, gelbe Herbstfärbung.
Blüte: Unscheinbar, gelblichgrün, in Trauben; ab August korallenrote Beeren.
Standort: Normaler Gartenboden, sonnig bis schattig.
Pflege: Regelmäßig im Frühjahr nach der Blüte auslichten, um den Strauch vital zu halten.
Tipps: Ideal für niedrige Hecken im Schatten.

Sorten: 'Schmidt' – bewährte Sorte.

Niedrige Spiere
(Spiraea-Bumalda-Hybriden)

⬆ 0,2–1,2 m ✻ 7–9 ○–◑

Ein pflegeleichter Strauch für kleine Beete.
Wuchs: Buschig, aufrecht, halbkugelig, flach.
Blätter: Lanzettlich, grün, auch panaschiert (bunt gefleckt).
Blüte: Klein, in Doldentrauben, weiß, rosa, rot.
Standort: Auf allen Gartenböden; sonnig bis halbschattig.
Pflege: Im Frühjahr kräftig zurückschneiden.
Tipps: Die Blüten locken zahlreiche Insekten an. Die Sträucher können auch flächig zur Begrünung verwendet werden.

Sorten: 'Alpina'– 0,2 m, rosa; 'Anthony Waterer'– 0,8 m, rot; 'Goldflame' – bis 0,6 m, gelbes Laub, rosa; 'Little Princess' – bis 0,3 m, rosa; 'Shirobana' – bis 0,6 m, weiß und rosa.

Braut-Spiere, Spierstrauch
(Spiraea × arguta)

⬆ 1,5–2 m ✻ 4–5 ○–◑

Zur Blüte schäumt dieser Strauch geradezu über. Wundervoll für weiße Gärten.
Wuchs: Breit buschig, elegant überhängende Seitenzweige.
Blätter: Elliptisch, 2–4 cm, hellgrün.
Blüte: Klein, weiß, in kurz gestielten Doldentrauben, auf der ganzen Länge der vorjährigen Triebe.
Standort: Normaler Gartenboden; sonnig bis halbschattig.
Pflege: Anspruchslos. Alle zwei bis drei Jahre alte Triebe entfernen.
Tipps: Nicht für den Sitzplatz zu empfeheln, da der Duft der Blüten gewöhnungsbedürftig ist.

Flieder
(Syringa vulgaris)

⬆ 1,5–3,5 m ✻ 5 ○

Ein Klassiker, der in der Regel an Muttertag blüht.
Wuchs: Aufrecht, trichterförmig, steife Triebe, treibt Ausläufer.
Blätter: Herzförmig, frischgrün, bis 12 cm.
Blüte: Sternförmig, klein, in kegelförmigen Rispen, weiß, violett, purpurrot, lilarosa oder eben fliederfarben, teilweise gefüllt, ganz typischer, angenehmer Duft.
Standort: Mäßig trockene bis frische Böden, nährstoffreich; sonnig.
Pflege: Verblühte Rispen entfernen.
Tipps: Wer Triebe für die Vase schneidet, sollte die Stielenden mit einem Hammer breit klopfen und die Blätter entfernen. Sie halten dann länger.

Sorten: 'Andenken an Ludwig Späth' – lilarosa; 'Leon Gambetta' – lilarosa, gefüllt; 'Mme Lemoine' – reinweiß, gefüllt.

Eibe
(Taxus baccata)

⬆ 10–15 m ✻ 3–4 ○–◑–●

Schnittverträgliches, sehr langsam wachsendes Nadelgehölz.
Wuchs: Aufrecht strauchig, auch als Baum mit unregelmäßiger Krone.
Blätter: Nadeln, schwarzgrün, immergrün.
Blüte: Unauffällig; ab September rote, beerenartige Früchte (Samen giftig!).
Standort: Feuchte, durchlässige, kalkhaltige Böden, nährstoffreich; gute Anpassungsfähigkeit hinsichtlich der Lichtsituation.
Pflege: Schnitt im April und Juni möglich.
Tipps: Kann zur Verjüngung bis zum Stamm zurückgeschnitten werden.

Sorten: 'Fastigiata' – Säuleneibe; 'Repandens' – Tafel-Eibe, sehr flacher Bodendecker.

Thuje, Lebensbaum
(Thuja occidentalis)

⬆ 15–20 m ❋ 4–5 ○–◑

Schnellwüchsige Lösung für alle, die rasch einen Sichtschutz zum Nachbarn benötigen.

Wuchs: Aufrechter Baum, wenn er nicht als Hecke erzogen wird.

Blätter: Schuppenförmige Nadeln, dunkelgrün, immergrün; im Winter bronzefarben.

Blüte: Unscheinbar; im September längliche Zapfen, etwa 1 cm lang.

Standort: Frische, nährstoffreiche Böden; sonnig bis halbschattig.

Pflege: Bei Trockenheit gießen; regelmäßig in Form schneiden.

Tipps: Verträgt keine radikale Verjüngung.

Sorten: 'Danica' – kugelig wachsender Kleinstrauch, 'Smaragd' – ganzjährig sattgrün.

Weigelie
(Weigela-Hybriden)

⬆ 1,5–2,5 m ❋ 5–6 ○–◑

Ein anspruchsloser Alleskönner.

Wuchs: Buschig, aufrecht, leicht übergeneigte Außentriebe, starkwüchsig.

Blätter: Eiförmig, hellgrün, lange haftend.

Blüte: Trichterförmig, tiefrot, über die ganze Länge der Triebe.

Standort: Frische bis feuchte, nährstoffreiche Gartenböden; sonnig bis halbschattig.

Pflege: Alle zwei bis drei Jahre alte Triebe an der Basis entfernen.

Tipps: Mit dem dichten Blattwerk sind die Sträucher ein guter Sichtschutz.

Sorten: 'Bristol Ruby' – karminrot, 'Bouquet Rose' – rosa, 'Snowflake' – weiß, 'Variegata' – hellrosa, weißbuntes Laub.

Fächerahorn
(Acer palmatum)

⬆ 1–3 m ❄ 5 ○–◑

Ein asiatisch anmutender Eyecatcher für kleine Gärten.
Wuchs: Mehrstämmig, aufrecht, rundliche bis schirmförmige Krone, langsam wachsend.
Blätter: 5- bis 7-lappig, geschlitzt oder tief eingeschnitten, grün oder rot, im Herbst orange bis rot.
Blüte: Purpurn, in Trauben, unauffällig; im September kleine zweiflügelige Früchte.
Standort: Frische bis feuchte Böden, durchlässig, Staunässe meiden; sonnig bis halbschattig, luftfeucht, kühl.
Pflege: Anspruchslos.
Tipps: Unterpflanzung mit flachen Bodendeckern.

Sorten: 'Atropurpureum' – rotlaubig; 'Dissectum' – tief geschlitztes Laub; 'Atropurpureum Dissectum' – rotlaubig, tief geschlitztes Laub.

Hängebirke
(Betula pendula)

⬆ 5–7 m ❄ 4–5 ○

Ein Zwergbaum mit Charakter.
Wuchs: Stammbildner mit herabhängenden Trieben.
Blätter: Herzförmig, frischgrün, im Herbst goldgelb.
Blüte: Unscheinbar.
Standort: Durchlässige, frische bis feuchte Sandböden; sonnig.
Pflege: Anspruchslos.
Tipps: Der Wurzelkörper ist sehr flach, daher verwöhnt man Bodendecker auf der Baumscheibe mit großzügigen Humusgaben im Herbst.

Sorten: 'Youngii' – gängige Sorte.

Kleiner Trompetenbaum
(Catalpa bignonioides 'Nana')

⬆ 4–7 m ○

Ein idealer Hausbaum und perfekter Schattenspender.
Wuchs: Stammbildner mit kugeliger Krone.
Blätter: Herzförmig, bis 20 cm, frischgrün, später Austrieb.
Blüte: Diese Sorte bildet keine Blüten.
Standort: Frische, nährstoffreiche Böden; windgeschützt; sonnig.
Pflege: Anspruchslos.
Tipps: Junge Pflanzen können etwas frostempfindlich sein, daher mulchen und mit Reisig abdecken.

Ilex, Stechpalme
(Ilex aquifolium)

⬆ 1,5–3 m ❋ 5–6 ○–◑–●

Schnittverträgliches Gehölz, das als Baum oder Strauch gezogen werden kann.
Wuchs: Breit ausladend mit sparrigen, zum Teil hängenden Trieben.
Blätter: Eiförmig, lanzettlich, am Rand wellig, dornig gezähnt, glänzend dunkelgrün, ledrig, immergrün.
Blüte: Klein, weiß. Weibliche und männliche Blüten auf getrennten Pflanzen; später bei weiblichen Exemplaren roter Fruchtschmuck.
Standort: Normaler Gartenboden; sonnig bis schattig.
Pflege: Anspruchslos.
Tipps: Schnittverträglich.

Sorten: 'Alaska'– zierliche Blätter; 'I.C. van Tol' – breitwüchsig, Blätter kaum bedornt, reicher Fruchtbehang.

Blutpflaume
(Prunus cerasifera 'Nigra')

⬆ 3–7 m ✻ 4–5 ○

Ein unkomplizierter Frühlingsblüher.
Wuchs: Stammbildner, reich verzweigte, straff aufrechte Krone.
Blätter: Spitz-oval, auffällig schwarzrot gefärbt, kaum verblassend.
Blüte: Schalenförmig, hellrosa mit dunkelrote Mitte.
Standort: Normaler Gartenboden; sonnig.
Pflege: Anspruchslos.
Tipps: Ein sehr dekorativer Hausbaum, der sich auch für den Vorgarten eignet.

Zierkirsche
(Prunus serrulata)

⬆ 3–8 m ✻ 4–5 ○

Wunderschöne Blütenbäume. Durch eine Vielzahl von Sorten findet man für jede Gartengröße die Passende.
Wuchs: Je nach Sorte trichterförmig, säulenförmig oder schirmförmig.
Blätter: Spitz elliptisch, glänzend grün, im Herbst gelb-orange.
Blüte: Schalenförmig, ungefüllt bis dicht gefüllt, in dichten Büscheln, rosa oder weiß.
Standort: Frische bis feuchte, nährstoffreiche Böden, neutral bis alkalisch; sonnig.
Pflege: Anspruchslos. Gelegentlich auslichten.
Tipps: Im Dezember schneidet man einige Zweige und treibt sie als Vasenschmuck an.

Sorten: 'Amanogawa' – säulenförmig, hellrosa, leicht gefüllt; 'Kanzan' – trichterförmig, rosa, dicht gefüllt; 'Shiro-fugen'– trichterförmig, weiß, gefüllt.

Weidenblättrige Birne
(Pyrus salicifolia)

⬆ 4–6 m ❄ 4 ○–◑

Ein extravaganter, dennoch unkomplizierter Baum.
Wuchs: Aufrechte, leicht zottelige Krone, abstehende bis hängende Zweige.
Blätter: Schmal lanzettlich, silbrig grau behaart.
Blüte: Schalenförmig, klein, weiß, in Trugdolden an den Seitentrieben; im Herbst harte, grüne birnenförmige Früchte.
Standort: Normaler Gartenboden; sonnig bis halbschattig, wärmeliebend.
Pflege: Anspruchslos.
Tipps: Der Baum verträgt problemlos einen Rückschnitt. So bleibt er dann auch klein.

Essigbaum
(Rhus typhina)

⬆ 2–3 m ❄ 6–7 ○–◑

Wächst ohne Zutun, allerdings ist er schwer zu stoppen.
Wuchs: Ausladend breite Krone, mehrstämmig, breitet sich durch Ausläufer aus.
Blätter: Gefiedert, bis 50 cm, frischgrün, leuchtende, gelbrote Herbstfärbung.
Blüte: In langen Rispen grünlich; ab August dunkelrote, behaarte Fruchtstände.
Standort: Trockene bis frische Böden, gern sandig; sonnig bis halbschattig.
Pflege: Anspruchslos, wenn die Ausläufer nicht lästig werden.
Tipps: Sollte nicht geschnitten werden, da die typische Form der Krone darunter leidet.

Sorten: 'Dissecta' – farnartige, doppelt gefiederte Blätter, bildet kaum Ausläufer.

Kugelakazie

(Robinia pseudoacacia 'Umbraculifera')

⬆3–5 m ○

Ein kleinkroniger Baum, dessen Krone absolut symmetrisch wächst.

Wuchs: Stammbildner mit kugelrunder Krone.

Blätter: Gefiedert, bis 15 cm, stumpf grün, im Herbst gelb.

Blüte: Keine.

Standort: Normaler Gartenboden; sonnig.

Pflege: Anspruchslos.

Tipps: Ein starker Rückschnitt ist problemlos möglich. So kann man die Krone klein halten.

Hängeweide

(Salix caprea 'Pendula')

⬆0,6–2 m ❋ 2–4 ○–◑

Typischer Frühlingsbote, der Bienen lockt.

Wuchs: Kurzer Stamm mit langen, herunterhängenden Trieben.

Blätter: Oval, frischgrün, im Herbst gelb.

Blüte: Kätzchen, gelb, an den jungen Trieben.

Standort: Nährstoffreiche, frische bis feuchte Böden; sonnig bis halbschattig.

Pflege: Bei Trockenheit gießen; regelmäßig nach der Blüte vergreiste Triebe direkt am Stamm herausnehmen, damit sich die Krone verjüngt und

Tipps: Kann auch im Topf gehalten werden, ist dann aber nicht sehr pflegeleicht, da die Pflanzen extrem durstig sind.

Eberesche, Vogelbeere
(Sorbus aucuparia)

⬆ 5–7 m ✻ 5 ○–◑–●

Die Vögel freuen sich über die Wildfrüchte, die sehr dekorativ sind.
Wuchs: Stammbildner mit schmaler, nach oben strebender Krone.
Blätter: Gefiedert, über 16 cm, grün; im Herbst gelb bis orange.
Blüte: Klein, in Trugdolden, cremeweiß.
Standort: Durchlässige Böden; sonnig bis schattig.
Pflege: Anspruchslos.
Tipps: Kann zurückgeschnitten werden.

Sorten: 'Edulis' – essbare Früchte.

Hängeulme
(Ulmus glabra 'Pendula')

⬆ 3–5 m ✻ 3–4 ○–◑

Malerisches Gehölz für die Solitärstellung. Die Krone bildet eine Laube für heiße Tage.
Wuchs: Stammbildner mit schirmförmig herabhängender Krone.
Blätter: Oval, dunkelgrün, im Herbst gelb.
Blüte: Unscheinbare, bräunliche Büschel.
Standort: Durchlässige, normale Gartenböden, keine Verdichtungen; sonnig bis halbschattig.
Pflege: Anspruchslos.
Tipps: Sollte nicht geschnitten werden; auch als Kübelpflanze im großen Topf sehr dekorativ.

Bezugsquellen

Garten-Versandhandel

baumarkt direkt GmbH & Co. KG
Alter Teichweg 25
22081 Hamburg
www.otto-baumarkt.de

Gärtner Pötschke
Beuthener Str. 4
41561 Kaarst
Tel. 0 18 05 / 861 100
Fax. 0 18 05 / 861 300
www.poetschke.de

Ahrens + Sieberz
53718 Siegburg-Seligenthal
www.ahrens-sieberz.de

Dehner
86640 Rain am Lech
Tel. 0 90 90 / 77-0
Fax 0 90 90 / 77-71 53
Katalog-Bestellung über
Tel. 0 90 02 / 77-282
www.dehner.de

Gartengeräte

Gartenbedarf Versand Richard Ward
Günztalstraße 22
87733 Markt Rettenbach
Tel. 0 83 92 / 16 46
www.gartenbedarf-versand.de

Pflanzen

Stauden

Staudengärtner
Richard Klose
Rosenstraße 10
34253 Lohfelden
Tel. 05 61 / 5 15 55
Fax 05 61 / 51 51 20
www.staudengaertner-klose.de

Arends Maubach
Stauden & Gartenkultur
Monschaustrasse 76
42369 Wuppertal-Ronsdorf
Tel. 02 02 / 46 46 10
Fax 02 02 / 46 49 57
www.arens-maubach.de

Staudengärtnerei
Gräfin von Zeppelin
79295 Sulzburg-Laufen
Tel. 0 76 34 / 6 97 16
Fax 0 76 34 / 65 99
www.graefin-v-zeppelin.com

Staudengärtnerei
Dieter Gaissmayer
Jungviehweide 3
89257 Illertissen
Tel. 0 73 03 / 72 58
Fax 0 73 03 / 4 21 81
www.staudengaissmayer.de

Österreich:

Stauden Feldweber
A-4974 Ort im Innkreis
Tel. + 43 / 77 51 / 83 20
Fax + 43 / 77 51 / 83 20 16
www.feldweber.de

Schweiz:

Staudengärtnerei
Hansuli Friedrich
CH-8476 Stammheim
Tel. + 41 / 52 / 7 44 00 44
Fax + 41 / 52 / 7 44 00 45
www.friedrich.ch

Blumenzwiebeln

Albrecht Hoch
Potsdamer Str. 40
14163 Berlin
Tel. 0 30 / 8 02 62 51
www.albrechthoch.de

Niederlande:

Van Tubergen
Postfach 144
NL 8250 Dronten
Niederlande
Tel. +31 / 321 / 38 51 41
Fax +31 / 321 / 38 51 55
www.vantubergen.nl

Samen

Treppens
Berliner Straße 88
14169 Berlin
Tel. 0 30 / 8 11 33 36
Fax 0 30 / 8 11 43 04
www.treppens.de

Thompson & Morgan
Postfach 10 69
36243 Niederaula
Tel. 0 40 / 61 19 39 93
www.seeds.thompson-morgan.de

Chrestensen
Erfurter Samen- und Pflanzenzucht GmbH
Postfach 1000
99079 Erfurt
Tel. 03 61 / 5 10 15
Fax 03 61 / 2 24 53 33
www.chrestensen.de

Rosen

Rosenrot Pflanzenversand
Rosen von BKN Strobel
Besenbek 4b
25335 Raa-Besenbek
Tel. 0 41 21 / 42 38 84
www.bkn.de

W. Kordes' Söhne
Rosenschulen
Rosenstraße 34
25365 Klein Offenseth-Sparrieshoop
Tel. 0 41 21 / 48 70-0
www.kordes-rosen.com

Noack-Rosen
Baum- und Rosenschulen
Im Fenne 54
33334 Gütersloh
Tel. 0 52 41 / 2 01 87
Fax 0 52 41 / 1 40 85
www.noack-rosen.de

Rosen von Schultheis
Bad Nauheimer Straße 3-7
61231 Bad Nauheim-Steinfurth
Tel. 0 60 32 / 8 10 13
Fax 0 60 32 / 8 58 90
www.rosenhof-schultheis.de

Österreich:

Grumer Rosen
Raasdorfer Straße 28-30
A-2285 Leopoldsdorf
Tel. +43 / 22 16 / 2 22 30
Fax +43 / 22 16 / 2 22 33
www.grumer.at

Schweiz:

Richard Huber AG
Rothenbühl 8
CH-5605 Dottikon AG
Tel. +41 / 56 / 6 24 18 27
Fax +41 / 56 / 6 24 24 24
www.rosen-huber.ch

Gehölze

Baumschule Lorenz von Ehren
Maldfeldstraße 4
21077 Hamburg
Tel. 0 40 / 76 10 80
www.lve.de

W. Hachmann Baumschule
Brunnenstraße 68 b
25355 Barmstedt in Holstein
Tel. 0 41 23 / 20 55
Fax 0 41 23 / 66 26
(v.a. Rhododendren)
www.hachmann.de

Baumschule Huben
Schriesheimer Fußweg 7
68526 Ladenburg
Tel. 0 62 03 / 92 80 0
Fax 0 62 03 / 92 80 80
www.huben.de

Wörlein Baumschulen
Baumschulenweg 9
86911 Dießen a. Ammersee
Tel. 0 88 07 / 92 10 - 0
Fax 0 88 07 / 50 50
www.woerlein.de

Stichwortverzeichnis

Bildnachweis:

Adams: 78r
Borstell: 2/3, 8, 9, 17ur, 21l, 21r, 22l, 22r, 23l, 25l, 28r, 30l, 32r, 33r, 36l, 37r, 39l, 40r, 41l, 41r, 43r, 44r, 46r, 48r, 50l, 50r, 53l, 53r, 55r, 56r, 57l, 57r, 59r, 60r, 61r, 62l, 63l, 63r, 64l, 64r, 65r, 66l, 66r, 67l, 67r, 68r, 70r, 72r, 73r, 75l, 78l, 79l, 79r, 81l, 81r, 84l, 84r, 85l, 85r, 86l, 86r, 87r, 88l, 89l, 90l, 90r, 91r
Fischer: 6
GBA/Nichols: 74r
GBA/Noun: 68l
Hagen: 45l, 45r, 46l
Markley: 71l, 75r/Einkl., 76l, 80l, 87l, 89r
Pforr: 23r, 26l, 31r, 42l, 44l, 54r, 75r, 80r, 91l
Redeleit: 11o, 13o, 14, 15u, 16ol, 17ul
Reinhard: 18r, 19l, 19r, 25r, 27l, 27r, 28l, 29l, 30r, 31l, 37l, 38r, 39r, 40l, 42r, 47r, 49l, 49r, 51l, 54l, 62r, 65l, 69l, 70l, 71r, 76r, 82l, 82r
Ruckszio: 33l, 56l, 58l, 59l, 77l, 83r
Seidl: 38l, 18l, 20r, 24r, 26r, 32l, 34l, 34r, 35l, 36r, 43l, 47l, 48l, 52l, 52r, 58r, 60l, 74l, 77r, 88r
Stein: 55l
Stork: 10o, 10u, 11u, 15ol, 15or, 16u, 17o
Strauß: 12, 13u, 16or, 20l, 24l, 29r, 35r, 51r, 61l, 69r, 72l, 73l, 83l

**Bibliografische Information
Der Deutschen Bibliothek**
Die Deutsche Bibliothek verzeichnet diese Publikation in der Deutschen Nationalbibliografie; detaillierte bibliografische Daten sind im Internet über http://dnb.ddb.de abrufbar.

Überarbeitete Auflage (Neuausgabe) des Titels »Lazy – Die Pflanzen«

BLV Verlagsgesellschaft mbH
München
80797 München

Umschlagfotos:
Vorderseite: Getty images/Eric Meola
Rückseite: Borstell

Layoutkonzept Innenteil: Sabine Fuchs

Lektorat: Dr. Thomas Hagen
Herstellung und DTP: Hermann Maxant

Reproduktionen: Repro Ludwig

Gedruckt auf chlorfrei gebleichtem Papier

Printed in Germany · ISBN 978-3-8354-0275-1

Eine kleine Auswahl aus unserem großen Programm

Rosa Wolf
Party-Garten
Alles, was wichtig ist, damit die Gartenparty gelingt: Planung, Vorbereitung, Bodenbelag, Wind- und Sonnenschutz, Wärmespender, Beleuchtung usw.; Themen für Feste von Frühjahr bis Herbst mit Dekoideen und Rezepten.
ISBN 978-3-8354-0145-7

Rosa Wolf
Kinder im Garten
Aus der Gartentraum-Werkstatt: Baumhaus, Weidentunnel, Kletterbaum usw.; Kinderspaß Gärtnern: pflanzen, pflegen und ernten; rund ums Jahr: spielen, basteln, feiern und toben; Natur und Tiere beobachten, Nisthilfen, Futterstationen.
ISBN 978-3-8354-0055-9

Rosa Wolf/Fotos: Ursel Borstell
Gartenpflanzen Praxis-Handbuch
Über 450 Gartenpflanzen in detaillierten Porträts mit Partnerpflanzen, Verwendungs- und Pflegetipps; Gestaltungen für alle typischen Bereiche des Hausgartens mit Pflanzplänen und Pflegekalender.
ISBN 978-3-8354-0167-9

Dorothée Waechter
Schöne Gärten für Ungeduldige
Viel Garten ohne zu warten – der schnelle Weg zum grünen Paradies: clevere Lösungen für alle Gartenbereiche sowie für Terrasse und Balkon; Tipps und Tricks für pfiffige Gestaltungen, effektvolle Pflanzen im Porträt, Pflegepraxis.
ISBN 978-3-8354-0214-0

Brunhilde Bross-Burkhardt
Der kleine Küchengarten
Obst, Gemüse, Kräuter selbst anbauen und frisch genießen: Anlage eines kleinen Küchengartens, Gestaltungsvorschläge, Anbau-Praxis, Porträts der wichtigsten und lohnendsten Nutzpflanzen-Arten, Arbeitskalender.
ISBN 978-3-8354-0097-9

Marie-Luise Kreuter
Der Biogarten
In Neuausgabe: das unentbehrliche Standardwerk zum naturgemäßen Gärtnern; einzigartiges Know-how von Deutschlands bekanntester Biogärtnerin; komplett aktualisiert: das im Handel erhältliche Pflanzensortiment; mit Beilage »Pflanzenschutz-Kompass«.
ISBN 978-3-8354-0198-3

Andrea Christmann
Kleine Gärten gestalten
Die Gestaltung kleiner Gärten und optische Tricks für mehr Größenwirkung; konkrete Pläne für Vorgärten, Reihenhaus- und Reiheneckhaus-Gärten; Neuanlage und Umgestaltung in der Praxis.
ISBN 978-3-8354-0094-8

Ute Bauer
Mein Garten am Abend
Die Abendstimmung im Garten genießen: Sitzplätze, Nachtblüher, Nachtdufter, Wärmespender, Sicht- und Windschutz, stimmungsvolle Lichteffekte, schöne und nützliche Accessoires.
ISBN 978-3-8354-0147-1

Die zuverlässigen Berater

BLV Bücher bieten mehr:

- mehr Wissen
- mehr Erfahrung
- mehr Innovation
- mehr Praxisnutzen
- mehr Qualität

Denn 60 Jahre Ratgeberkompetenz sind nicht zu schlagen!

Unser Buchprogramm umfasst über 750 Titel zu den Themen

Garten · Natur · Heimtiere · Jagd · Angeln · Sport · Golf · Reiten · Alpinismus · Fitness · Gesundheit · Kochen.

Ausführliche Informationen erhalten Sie unter **www.blv.de**

Dass Sie sich gut beraten fühlen – das ist unser Ziel. Falls Sie Fragen und/oder Anregungen haben, schreiben Sie uns bitte:

BLV Buchverlag GmbH & Co. KG
Lektorat · Lothstraße 19
80797 München
Postfach 40 02 20
80702 München
Telefon 089/12 02 12-0 · Fax -121
E-mail: blv.verlag@blv.de

blv

Mehr Erlesen!